最好的未来 属于最努力的人

甘开全 编著

写给每一个为梦想而奋斗的年轻人

煤炭工业出版社
· 北 京 ·

图书在版编目（CIP）数据

最好的未来，属于最努力的人／甘开全编著．--北京：煤炭工业出版社，2015（2023.6 重印）

ISBN 978-7-5020-5020-7

Ⅰ.①最… Ⅱ.①甘… Ⅲ.①成功心理—通俗读物 Ⅳ.①B848.4-49

中国版本图书馆 CIP 数据核字（2015）第 257568 号

最好的未来，属于最努力的人

编　　著　甘开全
责任编辑　刘新建
特约编辑　郭浩亮　汪　婷
封面设计　逸和文化

出版发行　煤炭工业出版社（北京市朝阳区芍药居 35 号　100029）
电　　话　010-84657898（总编室）
010-64018321（发行部）　010-84657880（读者服务部）
电子信箱　cciph612@126.com
网　　址　www.cciph.com.cn
印　　刷　三河市金泰源印务有限公司
经　　销　全国新华书店

开　　本　710mm×1000mm 1/16　**印张**　14　**字数**　200 千字
版　　次　2015 年 12 月第 1 版　2023 年 6 月第 3 次印刷
社内编号　7866　**定价**　36.80 元

前言

有这样一个故事。在某建筑工地上，有人问三个砌砖工人：“你们在做什么？”第一个工人回答说：“我在砌砖。”第二个工人说：“我正在赚钱养家。”第三个工人说：“我正在建造世界上最有特色的房子。”这三个砌砖工人的回答，实质上道出了每个人对“砌砖”这一工作的认识、态度，进而反映出了每个人人生追求的目标和志向。据说到了后来，前两个人始终都是普普通通的砌砖工人，无所作为，而第三个工人最后则成了有名的建筑师。

三个砌砖瓦匠的寓言很多次见诸于各个场合，如果我们用“自我期望”“自我启发”“自我发展”三个指标来衡量这三个石匠，我们会发现：第一个石匠的自我期望值太低，没有大的志向；第二个石匠的自我期望值过高，有点好高骛远；第三个石匠的目标才真正与工程目标、团队目标高度吻合，既现实又有理想。这就是脚踏实地的理想主义者。

没有思路，就没有出路。若心中没有那颗理想的种子，即使付出再多的辛劳和汗水，生命也不会有收获。然而，生命仅有理想还远远不够，还要懂得为它付出，没有辛勤汗水的浇灌，就是再美好的理想，也只是海市蜃楼、空中楼阁，永远成不了现实。

人生短暂，青春易逝。因此，聪明的人总是奋斗不息、力争上游，竭尽全力追求自己的梦想。他们有的在职场驰骋奋进；有的在自己的研究领域收获硕果；有的则自主创业，成功开拓属于自己的一片广阔天空。每个有梦想的人，都在追梦、执梦，用自己的努力谱写人生的精彩篇章。

本书没有连篇累牍、空泛乏味的大道理，只有一则则生动而真实的创业（励志）小故事。全书共分10章，详细整理了大量有关年轻人奋斗奋进、不畏挫折，最终成就辉煌事业和灿烂人生的鲜活案例，直击心灵，催人奋进。

人生的道路上，我们会一直在不断追梦的道路上奔跑。须知最好的未来，属于最努力的人！

目录

第一章　做自己命运的主人，没有独立难言奋斗

1．人格独立无须依附，做自己命运的主人 / 2

2．退却浮躁，让翅膀在社会中历练 / 6

3．若你有心，便会成为你想要成为的人 / 10

4．在一线城市打拼，还是去二三线城市“优哉”？ / 14

5．摆脱命运的控制，成长个股需自己操盘 / 18

第二章　苦难是笔财富，更是奋斗的资本

1．感恩苦难，在逆境中创造辉煌 / 22

2．生活中的种种挫折，都是你的珍贵财富 / 26

3．自我救赎唯一的途径，就是不断奋斗 / 29

4．让苦难开花，奋斗的青春最美丽 / 32

5．让奋斗的狂潮，冲破人生的所有障碍 / 36

第三章　心态决定成败，奋斗有道才会赢

1．只有停止抱怨，才能完胜自己 / 40

2. 学会知足，心一暖人就会幸福 / 44

3. 懂得感恩，生活需要一颗感恩的心来创造 / 48

4. 学会宽容，世界会变得更加广阔 / 52

5. 成功是一种态度，摆正心态才能赢 / 56

6. 非智力因素才是成功的关键 / 60

7. 专注成就未来，做最好的自己 / 63

第四章　让梦想向着阳光萌发，永不放弃

1. 被嘲笑的梦想，才更有被实现的价值 / 68

2. 水遇石而分流，为何不多搏一次 / 73

3. 有梦想的生活：痛并快乐着 / 76

4. 可以量化梦想，但不要好高骛远 / 79

5. 坚持梦想：不、决不、永不放弃 / 83

6. 时刻准备着，胜利之神才会“跳”出来助你圆梦 / 87

7. “此路不通”，挡不住追梦的脚步 / 91

第五章　时不我待，规划好奋斗的时刻表

1. 拳怕少壮，要创业趁年轻 / 96

2. 现在怎么做，决定了你的将来怎么过 / 99

3. 不要轻易打发你的碎片化时间 / 102

4. 20岁的人生定位：赢在未来 / 104

5. 现在的奋斗，就是10年后的快乐回忆 / 108

6. 3年定目标，5年有计划，10年长规划 / 112

7. 习惯养成：处处奋斗，时时奋斗 / 115

8. 生命不会重来，立刻马上奋斗起来 / 117

第六章　要埋头苦干，更要练就一双慧眼

1. 稳准狠，抓住机会的额发 / 122
2. 不惧未知，做从未被做过的事情 / 126
3. “第一”胜过“更好”，挖掘自己厉害的地方 / 128
4. 只有敢为人先，才有可能成为先驱 / 131
5. 分析成功个案的前提，并为自己创造前提 / 134
6. 眼界有多远，成就就有多大 / 137

第七章　在路上，瞬间璀璨足以证明自己

1. 精进法则：让今天超越昨天，让明天超越今天 / 142
2. 创业没有回头路，唯有不断奋斗下去 / 145
3. 创业项目，需要从模仿到创新 / 148
4. 创业结果：让奋斗的人生鄙视虚度的人生 / 152
5. 快乐在于征途，奋斗的人儿最美丽 / 155
6. 目标可以很遥远，但奋斗的快乐却无处不在 / 158
7. 在路上，全力以赴奋斗到底 / 162

第八章　一千零一个错误，胜过百年龟缩

1. 在重大打击面前：沉着应对，转危为机 / 166
2. 调整期望值：把大目标化成多个小目标 / 170
3. 只有不断试错，才有成长的可能 / 173
4. 退一步不是海阔天空，而是万丈深渊 / 177
5. 所有的悲伤，都是磨练意志的神曲 / 181

第九章　每一次压力都是造就成功的机会

1. 生命的弹簧没有极限，压力也可以创造奇迹 / 186
2. “疯子”“聋子”“傻子”，都是成功之子 / 189
3. 把压力分散到所有车轮，你就可以成为动车 / 193
4. 在奋斗长跑中，唯有适度放慢节奏才能重新快跑 / 196

第十章　一人奋斗很重要，万人奋斗更伟大

1. 活着不易，但不能单为自己而活 / 200
2. 勿忘初心，将奋斗进行到底 / 203
3. 永不妥协，要在怀疑中坚持信仰 / 207
4. 因为你的奋斗，帮助了很多人过得更好 / 210
5. 奋斗的最大快乐：解决问题，改变世界 / 214

第一章

做自己命运的主人，没有独立难言奋斗

无数的例子告诉我们，没有独立奋斗就没有出路。与其幻想着倚仗外力获得成功，倒不如自己奋斗来得实实在在、心安理得。只有做命运的主人，才能成为一个探索者，才能体会生命的真谛——在社会中学会独立生活，用务实肯干的奋斗精神救赎自己、磨砺自己。

1. 人格独立无须依附，做自己命运的主人

谁若游戏人生，他就一事无成；谁不能主宰自己，便永远是一个奴隶。

——歌德

北京的冬夜，寒冷异常，天上淅淅沥沥地开始下起小雨。此时正值下班高峰期，天桥下车水马龙、川流不息。

天桥上，行人寥寥，四周愈发安静。昏黄的路灯下，三个年轻小伙子正在派发宣传单，领头的是21岁的俄罗斯青年尼克。

“你好，外语培训，请看一下吧。”尼克边说边递上宣传单。

“不需要。”

“太湿了，不好拿。”

“我很忙的。”

很多行人只是摆摆手，便匆匆离去。

由于长时间在寒雨中派发宣传单，尼克的外套早已被雨水打湿，阵阵冷风袭来，吹得他瑟瑟发抖。尽管如此，尼克却仍然坚持着发完所有宣传单，

以便推广自己创办的外语培训学校。

两年前，那时的尼克还在俄罗斯上大学。一次，尼克听别人说起在中国发展机遇很多，不由心中一动，于是就对父母说自己要独立生活，去中国打拼。等来到中国后，尼克一边学习中文，一边着手创办外语培训学校。创业之初，由于缺乏经营本金，尼克就和朋友四处筹钱。没钱打广告，尼克就和朋友去天桥、地铁站、超市附近分发宣传单。尼克一天到晚忙得像个旋转的陀螺，甚至连和女友见面的时间都没有了，最后女友离他而去。屋漏偏逢连夜雨，他创办的学校面临着很多培训巨头，甚至是上市公司的竞争，经营危机接踵而至。资金少、师资差、招生难……连番的打击之下，心力交瘁的尼克大病了一场。

这是尼克来中国的第一个冬天，一个人坐在冰冷的病床上，他迷茫地望着窗外的飘雪，想到半死不活的培训学校和决绝离去的女友，忍不住落下泪来。

出院后，尼克静下心来思量一番，突然醒悟：眼前的境况虽然艰难，但只是暂时的，只要下定决心坚持做自己喜欢做的事，就必然有扭转劣势的曙光。于是，重新振作的尼克继续为了自己的梦想奋斗。后来，尼克改变了学校的推广方式，他十分注重搞好与学生的关系，而不是只注重做生意。他也不像以前那样逢人就推销，而是尝试先与学生成为朋友。得知有些中国学生家里并不富裕，平时还在校外打工，尼克就去他们打工的地方看望他们，了解他们的工作情况和外语应用环境。最后尼克为他们单独开设了实用型商务英语课程，只收教材费，学费则分文不取。不仅如此，尼克还帮助他的学生顺利通过外企的面试，教他们撰写外贸信函，用外语进行演讲。

尼克对中国学生关怀备至，对于来自俄罗斯的同学、朋友也不吝热心帮助。年轻的俄罗斯学生初到中国，人生地不熟，尼克就帮他们办理签证、

找大学，让他们与中国学生交朋友，以便让他们迅速融入当地文化。每个周末，尼克还会打电话询问他的学生和朋友们："本周你需要些什么？需要我们帮忙吗？"

经过2年多的奋斗，尼克帮助了一名又一名中国学生解决了外语应用问题，他的培训学校也因此积累了不少口碑，经营状况越来越好。

尼克远离父母、远离家乡，在异国他乡独自打拼，通过自己的不懈努力，不但解决了独立生活的问题，还使自己的人生得以不断充实，最终闯荡出了属于自己的一片天。

同样，残疾人罗伯特·巴拉尼由于持续奋斗，最终获得了成功。

罗伯特·巴拉尼出生于维也纳，是家里6个孩子的老大。不幸的是，幼年的巴拉尼患上了骨结核病。由于家庭经济不宽裕，此病无法得到根治，使他的膝关节永久性僵硬了。这对于一个孩子来说是件多么痛苦、多么残酷的事，小巴拉尼再也不能像其他小朋友那样在草地上自由自在地奔跑，再也不能像其他小朋友那样跑到父母面前撒娇了。

然而，倔强的巴拉尼并不屈服于身体的不便，不久后的一天，他对父母说："你们不要为我伤心，我要继续读书，我完全能做出一个健康人的成就。不过，我需要你们的帮助！"父母听到儿子这番话，悲喜交加，决定全力帮助巴拉尼完成学业。

春去冬来，父母每天都轮流送接巴拉尼到学校读书，一直坚持了十几年，风雨无阻。巴拉尼虽然坐在轮椅上，但是他没有辜负父母的心血，也没有忘掉自己的誓言，在学业上奋力拼搏，读小学、中学时，他的成绩都是名列前茅。

中学毕业后，巴拉尼以优秀的成绩进入维也纳大学医学院学习，并在1900年获得医学学位。然后，他又用两年时间在德国的各大诊所学习内科医

学及神经系统。最后，他接受了维也纳大学耳科诊所的一份工作并成为那里的一名教师。

学业有成，工作待遇也不错。现在的巴拉尼完全可以松一口气，享受安稳的生活了。但巴拉尼仍是一如既往地努力奋斗，他不但完成了日常的繁重工作，还对自己的耳科专业进行深入研究，改进了治疗头部创伤的外科步骤。1910～1912年，他先后撰写了《半规管的生理学与病理学》《前庭器的机能试验》两部著作。由于他在工作和科研方面做出的突破性贡献，奥地利皇家授予他爵位。1914年，巴拉尼获得诺贝尔生理学及医学奖金。

罗伯特·巴拉尼一生成就卓著，当今医学上探测前庭疾患的试验和检查小脑活动及其与平衡障碍有关的试验，都以他的姓氏命名。他在患病之后，并没有自怨自艾，或者从此依赖父母，而是选择了通过自己的努力“做出一个健康人的成就”，最终迎来了属于自己的璀璨人生。无数的例子告诉我们，没有独立奋斗就没有出路。与其幻想着倚仗外力获得成功，倒不如自己奋斗来得实实在在，心安理得。只有做命运的主人，才能成为一个探索者，才能体会生命的真谛——在社会中学会独立生活，用务实肯干的奋斗精神救赎自己、磨砺自己。俄罗斯青年尼克如此，生理学家罗伯特·巴拉尼亦然，没有独立，难言奋斗，正如德国著名思想家歌德所言：“谁不能主宰自己，便永远是一个奴隶。”

2. 退却浮躁，让翅膀在社会中历练

伟大都是熬出来的！

——冯仑

“六朝古都”南京位于长江下游，濒江近海，是中华文明的重要发祥地之一，历史上长期是中国南方的政治文化中心，有厚重的文化底蕴和丰富的历史遗存。2009年，毕业生温贤亮怀着创业的美好梦想，背着行囊，只身来到了南京。温贤亮知道，万事开头难，要想创业，首先需要本钱，对于一穷二白的自己而言，要想获得创业的本钱，就必须通过打工积累。

于是，温贤亮积极地投简历、找职介，跑遍了人才市场，却始终找不到一份合适的工作。眼看着身上的钱越来越少，租的房子马上又要交房租了，温贤亮心中明白：在南京立足的希望越来越渺茫，如果半个月之内再找不到工作，就只能离开这里了。

一天，温贤亮去一家公司面试，又被拒绝了。接连的求职失利，令温贤亮深受打击，他不由心灰意冷，甚至打算赶紧订火车票逃回老家，以免到时候被房东赶出出租屋，流落街头。

在去买火车票的路上，温贤亮路过一条小巷子。忽然，他在巷子中的一家画室外面发现了一个小牌子，上面写着“招聘兼职少儿美术老师”。想到自己虽然学的专业是生物制药，但在高中、大学课余时间也曾画过画，教小朋友画点画应该没有问题，温贤亮决心去试一试。

于是，温贤亮走进了画室，接待他的画室老板居然是一位与他年龄相仿的年轻人，而且对方也不是美术专业的。

画室老板说：“管它什么专业不专业的，能教学生画好画就行了。”

“你看这些怎么样？”温贤亮拿出了自己平时画的一些画稿。

“可以了，你先做兼职老师，有机会我们再进行其他合作。”画室老板看完画稿，满意地点点头。

“好的，我想今天就上班。”温贤亮喜出望外。

接下来，温贤亮就在画室里上班，教十多个学生画四格漫画、人物素描等。虽然工资不高，却也能够维持生活。很多人都劝他“骑着驴找马”，边工作边找个大公司。但是，温贤亮决定在这里继续干下去，他去旧书摊买了些介绍素描方法、绘画技巧的书认真研读。在上课的时候，对每个学生都会根据他们的需求因人施教、因势利导，既让学生掌握画画的基本技能，又让他们体验到画画的乐趣。

每逢节假日，温贤亮都会主动要求留下来守店、打扫卫生、准备各种绘画材，与学生家长联络感情。他时时留意、处处观察，终于摸清了开画室的流程和门道。

3年后的一天，画室老板突然对他说：“你来了3年了，老是做兼职老师也委屈了你，要不我把画室转让给你吧。以后你就自己经营了，而我要去其他城市发展了。”

温贤亮终于等到了这个机会，连忙说：“好的，谢谢你的信任。”

很快，温贤亮接手了画室，把平时省吃俭用的钱全部投进去，开了更多

班，请了更多老师，招了更多学生。经过几年的积累，温贤亮的画室经营得风生水起，每年赚的钱比那些在大公司上班的职业经理还要多。后来，温贤亮在南京买了大房子，娶了一位美丽贤惠的妻子，日子越过越好。

社会的历练能够帮助从“象牙塔”中走出的大学生打磨心性、退却浮躁，学会独当一面。社会教给了温贤亮很多，他学会了如何开画室、如何教学生、如何与家长沟通。这些宝贵的经验都是从书本中学不来的，只有在社会熬过，才能深刻体会到。应届毕业生温贤亮独自来到异地打拼，在历经挫折、饱尝绝望之后，希望出现了。温贤亮及时抓住了希望，全力奋斗，最终实现了自己的创业和置业的梦想。与之相同，失意毕业，多番求职碰壁的林秋莹也是在“社会”这所大学中学有所成，通过顽强奋斗获得了属于自己的成功。

又到毕业季，各大高校的毕业生收拾行囊各奔东西。22岁的林秋莹贱卖了自己的课本和一些生活用品，背着一个简单的行李包，恋恋不舍地离开了美丽的校园。回首过去四年，自己只关注穿衣打扮，整日与男友沉醉在花前月下，四年的大学时光就那么一点一滴地蹉跎而过。由于无心学习，林秋莹有多科成绩“挂红灯”，毕业时只领了个结业证，因此很难找到理想的工作，更令她伤心的是，男友此时向她提出了分手。

一出校门就遭遇失恋和就业难的双重打击，林秋莹既伤心又懊恼。她很后悔在学校时没有好好学习，但世上没有后悔药，她下定决心在社会上好好努力。于是，林秋莹做起了派单员、临时工、服务员，解决了基本的生存问题。

一次偶然的机会，林秋莹参加了附近街道举办的免费创业培训班，她十分珍惜这次学习的机会，每日刻苦学习、用心钻研，最后终于掌握了开店创业的基本流程和技能。

机会属于有准备的人。一天，林秋莹像往常一样出去派发宣传单，路过一家日用品百货批发店时，她发现店门上贴着一张红纸，上面写着“急转

让”。林秋莹不由心中一动，之后经过了解，她得知这家店的老板正在与老婆闹离婚，无心经营，因此决定转让店面。从周边环境来看，这家店靠近几个大社区，附近的街坊都喜欢来这里买日用品。多番考量后，林秋莹就借钱果断接手这一家日用品百货批发店，凭借着在创业培训班学到的本领，林秋莹把店面经营得井井有条，采购、招人、促销、打广告，做得风生水起，还带动了10名下岗失业人员再就业。

然而市场竞争是激烈的，没多久，在林秋莹店面的附近建起了一家大型超市。超市里不但商品物美价廉、品类齐全，购物环境更是一流，购物者趋之若鹜。超市的火热经营使得一旁的林秋莹的批发店受到了沉重的打击。摆在她面前的有两条路：第一条是转让店铺回去找工作；第二条是继续想办法经营下去。林秋莹看着自己的员工，他们都是些下岗失业人员，如果自己就这么转让了店铺，那么他们又要下岗了，这么想着，林秋莹做了一个决定。

第二天，林秋莹召集所有员工共同商量对策，通过集思广益，最后决定要把散货店打造成专卖店，专门经营超市没有经营的商品。考虑到现代人对于健康、运动装备需求的增大，林秋莹决定专营户外装备。很快她就把百货批发店改造成了户外装备店，每逢周末和节假日就进行促销活动，向顾客推销丰富多样的户外运动装备。林秋莹提出的“0元体验、24小时营业、30天包退换货”的促销形式，让附近的街坊十分满意，一时间客如云来，经营状况蒸蒸日上。

离开“象牙塔”，初入社会时，谁不曾遭遇挫折、彷徨无助？万通控股董事长冯仑有句名言：“伟大都是熬出来的！”什么叫“熬出来”？在社会上摸爬滚打，获得丰富的社会经验，领悟生存之道，这便是“熬出来”。温贤亮在社会熬，最后熬出了自己的画室，并组建了幸福的家庭；林秋莹在社会熬，凭借自身的努力和坚持，让自己的创业之路越走越顺畅。

3. 若你有心，便会成为你想要成为的人

雄心未竟即是野心，野心已达便为雄心。

——高尔基

夜幕下，日本京都一条小巷深处，几家小酒馆中隐约传来艺伎的歌声和酒客的喧噪声。不知过了多久，几个上班族打扮的人恭恭敬敬地簇拥着一位西装笔挺、派头十足的中年人从一家酒馆中走出来，点头哈腰地恭送中年人坐上出租车。待出租车完全从视线中消失，众人方才松了一口气，意犹未尽地钻回小酒馆，坐下来继续享受觥筹交错的夜生活。突然，一个年轻人把手中的酒杯用力掷到地上，高声嚷道：“再不能这样活了，我要创业！”

一旁正在弹奏乐器的几个艺伎见状，马上识趣地退出房间。同事们纷纷打击他：“你没有资金，也没有技术，拿什么去创业？”

“即使没有这些，我也要成为像上司那样成功的人。”年轻人愤然起身，头也不回地冲出酒馆。

这个年轻人叫中山洋介，为了改变庸庸碌碌的现状，他决意辞去现有的稳定工作，自己创业。那么，做什么能够迅速积累财富呢？他马上想到了房

地产，然而自己既无启动资金也不具备盖楼的技术，要想从事房地产，只能善用外部资源了。

中山洋介经过实地考察，发现日本没有什么可再生资源，土地是最宝贵的资源，可谓是寸土寸金，不少企业主想开工厂，但手中的资金连土地都买不起，更不用说建厂房了。另一方面，由于价格过高，很多土地也是“靓女难嫁”。中山洋介经过分析，发现很多企业主虽然买不起这些土地，但还是租得起的。于是他灵机一动，索性从转租土地做起。中山洋介找来这些土地的所有者进行商谈，提出了自己的规划，不过要求他们事先出让土地。这些土地所有者心想与其让土地白白闲着倒不如搏一把，于是他们同意了中山洋介的要求。

有了土地就好办了，中山洋介很快便组建了洋介土地开发公司。然而他并不急于建厂房，而是组织销售人员到各大企业去推销土地。结果，很多企业主纷纷租用中山洋介的土地。接下来，中山洋介将自己从企业主那里收取的厂房租金拿出一部分作为给土地所有者的土地租金。最后，中山洋介又向银行贷款建房。他请来建筑公司依据他的规划，在这些土地上修建厂房。厂房建好之后，企业主如约进驻。厂房租金和土地租金之间的差额，减去修建厂房的费用，便是中山洋介的赢利了。之后，中山洋介又按分期还款的方式慢慢归还银行的贷款。

就这样，中山洋介白手起家，他从营造小厂房、大厂房，再到工业区、产业园。中山洋介凭借“空手套白狼”，不仅如愿以偿成为“像上司那样成功的人”，还成为日本屈指可数的大企业家。

畅销书《穷爸爸富爸爸》的作者罗伯特·清崎在一次演讲中回忆了他的致富经历，特别提到了莎士比亚的一句名言：“你将会成为你想要成为的人。”在这个瞬息万变、充满机遇的时代，要想成就一些伟大的事情，首

先需要有渴望成功的野心。具有野心的人往往坚定不移、准备充分、目标明确，并且不畏挫折，而这些恰恰是获得成功的必备条件。法国媒体大亨巴拉昂之所以从一个穷小子跻身于“法国50大富翁”的行列，正是由于他有成为富人的野心。

巴拉昂小时候生活在法国的一个贫穷的家庭里，家中有7个兄弟姐妹，他从5岁开始工作，9岁时便会赶骡子。巴拉昂有一位了不起的母亲，她经常对巴拉昂说：“我们不应该这么穷，不要说贫穷是上帝的旨意。我们很穷，但不能怨天尤人，那只是因为你爸爸从未有过改变贫穷的欲望，家中每一个人都胸无大志。”

这些话深植于巴拉昂的心底，长大成人后，他一心想跻身于富人之列，开始努力追求财富。巴拉昂以推销装饰肖像画起家，在不到10年的时间里，迅速跻身于“法国50大富翁”之列。不幸的是，1998年他因患上前列腺癌在法国博比尼医院去世。随后，法国《科西嘉人报》刊登了他的一份遗嘱：

“我曾经是一位穷人，去世时却是一个富人。在跨入天堂的门槛之前，我不想把我成为富人的秘诀带走。现在，秘诀就锁在法兰西中央银行我的一个私人保险箱内，保险箱的3把钥匙在我的律师和两位代理人手中。谁若能回答‘穷人最缺什么？’而猜中我成为富人的秘诀，他将能得到我的奖金——留在保险箱内的100万法郎，也是我在天堂给予他的掌声。”

遗嘱刊出之后，该报收到大量的信件，很多人寄来了自己的答案。这些答案五花八门，无奇不有。有的人认为穷人最缺少的是金钱；有的人认为穷人最缺少的是机会；有的人认为穷人最缺少的是技能；有的人认为穷人最缺少的是运气；有的人认为穷人最缺少的是像样的婚姻……

在巴拉昂逝世周年纪念日，他的律师和代理人在公证部门的监督下，打开了银行内的私人保险箱，公开了他致富的秘诀：穷人最缺少的是成为富人

的野心。在所有答案中，只有一位年仅9岁的小姑娘猜对了。

此事引起了不小的震动，这种震动甚至超出法国，波及英美。一些好莱坞的新贵，几位年轻的富翁在就此话题谈论时，均毫不掩饰地承认：野心是永恒的“治穷”特效药，是所有奇迹的萌发点。某些人之所以贫穷和失败，大多是因为他们有一种无可救药的弱点，也就是缺乏致富与成功的野心。

有些人无论在何时何地，他们总有激情、总有热望，总在积极努力地经营着每一天，纵使历尽磨难也野心不改，最终为自己赢得了不薄的财富。而那些安于现状、不思进取的人则称这些有志之士为“野心家”。野心，是一种对名利、权位的强烈愿望，不能将之片面地理解为贬义词，苏联著名作家高尔基有句名言：“雄心未竟即是野心，野心已达便为雄心。”可见，雄心和野心没有本质的区别。很多人之所以郁郁不得志，正是因为他们习惯于安逸的生活，缺乏野心的支撑，少了奋斗的动力。

小职员中山洋介渴望成为像上司那样的成功人士，穷小子巴拉昂渴望跻身富人的行列。他们凭借着强烈的成功意愿和不懈的努力，最终成为他们想要成为的人。人一生的路要走多远、多快、多高，只有你自己能决定。重要的是要早早做出这个决定。与其在平庸中蹉跎岁月，不如去追求人生的精彩与充实。

4. 在一线城市打拼，还是去二三线城市"优哉"？

想象困难做出的反应，不是逃避或绕开它们，而是面对它们，同它们打交道，以一种进取的和明智的方式同它们奋斗。

——马克斯威尔·马尔兹

早上七点，上海的地铁站内挤满了候车的上班族。

列车进站后，李洁好不容易挤了上去。她找到两节车厢的连接处，拿出手机，在黑色屏幕上照照自己的发型，重新整理了一下妆容。然后，她打开手机微信，开始在微信朋友圈内销售自己的产品了。

李洁3年前毕业后，怀着美好的憧憬选择了留在魅力之都上海发展。然而，现实往往没有想象中那般美好。一线大都市的机会固然多，但竞争激烈、生活成本也高。李洁在辗转了几家公司后，来到一家文化公司做文秘，工作虽然稳定，但每月微薄的收入显然不够在大城市开销。日常开销自不必说，李洁是个爱美的女孩，平时喜欢逛街买衣服，网购化妆品。既不愿降低

生活品质，又要解决入不敷出的问题，李洁只得绞尽脑汁想挣外快的法子。

李洁是一个要强的女孩子，不愿做“啃老族”，向父母伸手要钱，所以她打算在不影响本职工作的前提下做点兼职，那么做什么好呢？开实体店，无本钱；开淘宝店，太耗精力。对了，索性做“微商”算了。李洁经过一番对比分析，认为利用微信销售自己家乡的土特产——草鸡蛋，是个不错的尝试。于是，她偷偷做起了“微商”，一有空就搜索附近上微信的朋友，把他们加入朋友圈，然后向他们推送优质内容，同时附带打点草鸡蛋的广告。李洁卖的草鸡蛋是她老家一个亲戚养的草鸡产的，绝对是纯天然零污染的绿色食品。

只要一有空，李洁就会用微信拼命加好友，努力发信息。一开始几乎没有人搭理她，有的人甚至把她拉黑。转机就出现在几个月之后，有位食品专家在网上指出一些人造蛋由于乱用食品原料、滥加食品添加剂，存在严重的食品安全隐患。专家的言论引起了微信朋友圈的热议：到底是食用人造蛋好还是原生蛋好？

李洁及时发现了这个千载难逢的机会，马上积极加入讨论，并不时发点原生草鸡蛋的广告。结果，李洁收到了不少草鸡蛋的订单。李洁收到订单后，马上将订单发给在老家的亲戚，让他帮忙发货，每笔订单李洁都抽些销售提成。随着草鸡蛋销售口碑的积累，李洁“微店”的订单量稳定增长，每月兼职收入再加上本职工资，李洁的经济状况得到了不小的改善。

初尝做“微商”的甜头之后，李洁继续利用手机微信推销更多老家的土特品，包括葡萄干、编织品等。随着生意越做越好，她最终搬离了“胶囊公寓”，住进了高档小区。

年轻女孩李洁做“微商”销售土特产，在上海发展得越来越好，活出了自己的精彩人生。但更多的年轻人在面临大城市房价居高不下、生活压力持续增长的情况下，最终选择了“逃离北上广”，去二三线城市安放青春。其实，去与留代表的无非是两种不同的价值，选择哪种是性格和每个人具体情况所决定。“逃离”并不意味着能够躲避竞争，若以为离开一线城市就能优哉游哉，那么逃到哪里都不会找到立足之地。最好的逃离方式，应该像赵明一样，在一线城市打工学习，然后回二线城市创业发展。

2009年，赵明从东北的一所大学毕业后，只身来到北京工作。经过几年的摸爬滚打，勤奋的赵明小有积蓄。不过，他发现北京的房价实在太高了，光首付就得近百万。即便是一些五环外的房子或者年久失修的二手房，也动辄几百万的房款。如果要在北京买房，需要从银行贷款100多万，每月需要还五六千元的月供，经济压力巨大。

“如果我不买房，把这点钱作为创业的启动资金多好，再说了，自己的老家在沈阳，很多朋友也在沈阳，有些资源可以共享。”赵明斟酌良久，决定结束“北漂”生活，回老家沈阳发展。

有了这样的打算之后，赵明工作更加卖力了，他所在的公司是做电商的，而他主要做客户管理工作。为了摸清整个电商公司的运作模式，赵明利用公司轮岗的机会，尝试了不同的岗位，也积累了不少经验。他发现电商网站可以外包给技术公司制作，产品可以找供货商赊销，物流可以谈月结季结，模式可以是C2B也可以是O2O……

3年后，带着这些电商运营经验和创业本金，赵明回到了沈阳，很快就注册成立了一家网络科技公司，推出全新的电商平台，专门销售安防产品，结果大获成功。现在，赵明在沈阳事业有成，家庭幸福。

在一线城市打拼，还是去二三线城市“优哉”？做好这道选择题，其实关键在于找到一个好东家、好平台，明确自己的定位，为理想而奋斗。李洁在本职工作之余做起了“微商”，通过用心经营，生意越做越好；赵明审慎地权衡利弊，最终成功实现了“在一线城市学习，在二级城市创业”的人生规划。这就正如美国著名整形外科医生和心理学家马克斯威尔·马尔兹所说的那样：“想象困难做出的反应，不是逃避或绕开它们，而是面对它们，同它们打交道，以一种进取的和明智的方式同它们奋斗。”

5. 摆脱命运的控制，成长个股需自己操盘

没有所谓命运这个东西，一切无非是考验、惩罚或补偿。

——伏尔泰

夏日炎炎，蝉噪不休，偌大的大学阶梯教室里坐着100多名学生，讲台上站着一位教授，正神情投入地讲课。大多数学生都在全神贯注地听课，唯独一名学生趴在桌上，竟在呼呼大睡。

教授微微皱起眉头，想了想，他走过去叫醒那位学生，然后当着他的面将一张白纸扔到地上，问他："这张纸有几种命运？"

那位学生一时愣住了，好一会儿才迟疑地回答："扔到地上的话纸只有一种命运，就是变成废纸。"

教授摇摇头，然后抬起右脚在那张纸上踩了几脚，雪白的纸上登时印上了几个沾满灰尘和污垢的脚印。

教授又问他："这张纸有几种命运？"

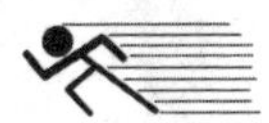

那个学生觉得有些滑稽，忍不住反问道："这张纸不是废纸是什么？"

教授捡起那张纸，一把将它撕成两半扔在地上，然后又问他："这张纸有几种命运？"

那位学生被弄糊涂了，他有些迟疑地回答道："现在，这是一张真正的废纸了。"

听完学生的回答，教授将地上撕成两半的纸捡了起来拼在一起，接着在上面画了一匹奔腾的骏马，刚才踩在上面的脚印正好变成了骏马奔腾的黄土高原。教授举起画问那位学生："现在，这张纸有几种命运？"

那位学生若有所悟地说："哦，原来您在纸上画画，让它有了价值。"

教授不动声色地掏出打火机，点燃了那张画。几缕青烟过后，那张画变成了一团灰烬。

这时，教授重新回到了讲台，大声说："同学们都看见了吧，一张白纸，如果我们以消极的态度去看待它，把它扔在地上，它就变得一文不值。如果我们让纸片遭受更多的厄运，比如在它身上多踩上几脚、撕烂它，那么它的价值就会更小。如果我们放弃希望使它彻底毁灭，比如烧了它，那么它就不可能有什么美感和价值了。然而，如果我们以积极的心态对待它，给它一些希望和力量，比如用它来画画，用它来做点别的什么东西，那么纸片就会起死回生。一张纸片是这样，一个人也是一样啊。"

"没错，就是这样。"全班同学都兴奋起来，那位打瞌睡的学生也恍然大悟。

一张纸有多少种命运，其实都掌握在我们自己的手中，同样个人的命运也掌握在我们自己手中。要想摆脱命运的控制，就要谨慎操盘自己的人生，无论何时何地，都要奋斗到底。美国第34任总统艾森豪威尔年轻时，曾因玩纸牌时乱发少爷脾气受到母亲的责备。

一天晚饭后，艾森豪威尔像往常一样和家人玩纸牌。这一次，他的运气特别不好，每次拿到的都是很差的牌。接连几次拿到烂牌后，艾森豪威尔忍无可忍，便发起了大少爷脾气。

艾森豪威尔的母亲看到后，就把他拉到一旁，正色道："如果你要玩，就必须用手中的牌玩下去，不管那些牌怎么样。人生也是一样，发牌的是上帝，不管怎样的牌你都必须拿着，你能做的就是尽你全力，求得最好的结果。"

从此以后，艾森豪威尔一直牢记母亲的话，不论顺境逆境，都会积极进取、奋力一搏。

在第二次世界大战期间，艾森豪威尔临危受命担任盟军在欧洲的最高指挥官，他组织盟军以弱胜强，对纳粹德国进行了全线反攻。1952年，艾森豪威尔作为共和党总统候选人参加总统竞选并获胜，最终成为美国第34任总统，1956年他再次在总统竞选中胜出，获得连任。

法国启蒙思想家伏尔泰洞察人生，他敏锐地指出："没有所谓命运这个东西，一切无非是考验、惩罚或补偿。"一张纸在经受抛弃、践踏、撕烂、焚烧等各种惩罚之后，是否还有价值，关键在于人们是否对其进行艺术加工、是否赋予其美感。艾森豪威尔打牌时接二连三拿到差牌，亦不过是命运的考验，唯有不退缩、不放弃，努力奋斗下去，才能扼住命运的咽喉，迎来璀璨的人生。

第二章

苦难是笔财富，更是奋斗的资本

突如其来的苦难抹杀了一些人也成就了一些人，对于勇于奋斗的人来说，苦难是笔财富，是催人奋进的契机。对于怨天尤人、一味退缩的人来说，苦难是一种负担，让他们坠落无底深渊。人们只有战胜苦难，才有资格成为强者。

1. 感恩苦难，在逆境中创造辉煌

苦难对于天才是一块垫脚石，对能干的人是一笔财富，对弱者是一个万丈深渊。

——巴尔扎克

在200英亩的如茵绿地之上，英国埃塞克斯大学如花绽放，教学大楼、学生宿舍、商店、银行、影剧院、美术馆、酒吧、咖啡馆和运动设施应有尽有。下课时间到了，来自世界各地的学生纷纷涌出教学大楼，各奔去处。其中有一位特别的中国留学生，他拄着拐杖慢慢摸索着回宿舍，他就是我国西南地区盲人留学生第一人，埃塞克斯大学本届学生中唯一一位盲人学生——郑建伟。

2013年9月，郑建伟告别父母，离开重庆，只身来到英国埃塞克斯大学，开始了异国求学的艰难生活。

他住的宿舍楼离教室有1600多米远，刚开始他经常走错路，后来通过反复摸索、来回走动，他终于不用拄拐杖也能走到教室里去了。

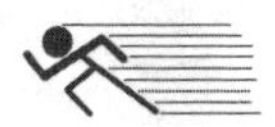

由于学校没有食堂，在餐馆吃又太贵，所以郑建伟就在自己的房间里做饭。为此，他从超市里买来了锅碗瓢盆、油盐酱醋和各种食材，因陋就简地给自己做饭吃。

郑建伟所需的课本、学习资料是由专人制作的盲人能阅读的电子版。其他留学生对他都很友善，经常帮助他准备学习材料，邀请他到他们家里去玩。中国留学生则带他去逛街，帮他购买日常生活用品。

作为一名盲人学生，郑建伟能来到英国高等学府留学，感到特别幸福，因为这一切来之不易。十几年来，他默默忍受着来自黑暗世界的各种苦难。

郑建伟先天性双目失明，一出生就生活在黑暗世界中。7岁时，郑建伟发现身边的小朋友都上学去了，就闹着也要上学。父母经多方打听，最终将他送到重庆盲校。

郑建伟不仅聪明好学，还刻苦钻研，很快就当上了班长。经过8年刻苦学习，郑建伟学完了解剖学、按摩课程和中医基础理论。中学毕业后，郑建伟又考入青岛盲校盲人普通高中部。高中毕业后，郑建伟又被长春大学针灸推拿专业录取，成为黔江第一个盲人大学生。

盲人读书与普通人看书不同，普通人看书可以一目十行，盲人只能用手指摸索书本上密密麻麻的盲文，靠着记忆力理解里面的内容，因此阅读速度比普通人要慢得多。所以，郑建伟经常读书到深夜，但再苦再累他也会坚持到底。

视力上的缺陷不能阻挡郑建伟求知的欲望和到外面去走一走的脚步。在大学期间，郑建伟有了考研究生的梦想。然而，国内没有招收盲人研究生的学校和专业，想要考研只能出国。于是，出国留学就成了郑建伟的最大梦想。2006年，郑建伟大学毕业后进入黔江区中医院针灸科工作，3年后他提出辞职，备考雅思，立志成为一名盲人留学生。

要出国留学必须要过语言关，但普通人学习英语都很吃力，何况一个盲人。在困难面前，郑建伟依然斗志昂扬，心想这么多年的书都读过来，还在乎英语等级考试吗？于是，郑建伟在家自学英语整整3年，并且三次进入雅思考场。

考试时，郑建伟一个人在为其单独设立的考场里参加雅思考试。他所使用的是一种被转换成适应他生理特点的特殊版本的试卷，普通版本只有10页，而他的特殊版本则有厚厚的100页。本来限时3小时的考试，由于他答题方式的特殊，被延长到12小时，从早上9点一直考到晚上9点，监考官都换了好几拨。人们都被他顽强奋斗的毅力所感动。

在满分为9分的三次考试中，郑建伟分别考出一个6分和两个6.5分的成绩，最终获得了前往英国埃塞克斯大学留学的申请资格。

突如其来的苦难抹杀了一些人也成就了一些人，对于勇于奋斗的人来说，苦难是笔财富，是催人奋进的契机。对于怨天尤人、一味退缩的人来说，苦难是一种负担，让他们坠落无底深渊。人们只有战胜苦难，才有资格成为强者，才能像法国记者让·多米尼克·博比那样，值得别人敬重。

出生于巴黎的让·多米尼克·博比是法国著名记者，曾担任巴黎知名流行服饰杂志《ELLE》的主编。1995年12月，博比突然患上了脑血管疾病，陷入深度昏迷。当他苏醒过来时，医生告诉他，他不幸患上了一种被称为“闭锁症候群”的病，已经丧失了所有的运动机能。在没有辅助的情况下，他不能动，不能吃，不能说话，甚至不能呼吸。现在，他全身只有一只眼睛——左眼能动。

从一个大活人转瞬间就变成了只有一只眼睛能动的植物人，博比感到十分绝望，更令他懊恼不已的是，自己最近构思好的作品就要烂在自己的大脑里了。

经过一段时间的调整，博比做出一个惊人的决定：要通过唯一能动的左眼完成自己的作品。他通过训练，让自己的左眼成为他与世界、他人和生活的重要联系。交流的方式也大大简化了，利用这只眼睛，他眨一下表示“是”，眨两下表示“不是”。

开始“写作”了，博比逐个字母逐个字母地向助手背出他的腹稿，然后由助手抄录出来。助手每一次都要按顺序把法语的常用字母念出来，让博比来选择，当她读到的字母正是文中的字母时，博比就眨一下左眼表示正确，助手就写出这个字母。然后助手再重复念出常用字母，供博比选择，就这样通过一个字母一个字母的拼写，一个单词一个单词的组合，一句话一句话的排列，慢慢写作。这种“写作”方式极其艰难，一天才能完成一两页书稿。

博比用了差不多一年的时间，历经艰辛终于完成了他的著作。为了写这本书，博比共眨了20多万次眼。这本不平凡的书有150页，它的名字叫《潜水钟与蝴蝶》。这么艰难的写作，显然没有一个字是多余的。在书中，博比讲述了自己全身瘫痪之后的所思所想，表现了自己努力生活、奋斗创作的感人故事。

被誉为“现代法国小说之父”的巴尔扎克曾一针见血地指出：“苦难对于天才是一块垫脚石，对能干的人是一笔财富，对弱者是一个万丈深渊。”盲人留学生郑建伟战胜了黑暗世界，实现了出国留学的梦想。让·多米尼克·博比仅用一只能动的左眼，通过20多万次眨眼，顽强奋斗，完成一部让人心灵震颤的作品，最终让自己的生命不留遗憾、溢满阳光。

2. 生活中的种种挫折，都是你的珍贵财富

每一种挫折或不利的突变，是带着同样或较大的有利的种子。

——爱默生

约翰·艾顿出生在英国一个偏远的小镇，父母早逝，好心的姐姐靠着帮人洗衣服、干家务，辛苦挣钱将他抚养成人。姐姐出嫁后，姐夫嫌约翰·艾顿是个大包袱，就将他撵到舅舅家。舅妈对他也很刻薄，在他读书时，规定每天只能吃一顿饭，还得收拾马厩和修剪草坪，稍有懈怠，舅妈就对他破口大骂。后来，约翰·艾顿做了汽修学徒工，因为没钱租房子，他只能躲在郊外一个废旧的仓库里睡觉。

后来，约翰·艾顿凭着顽强奋斗的精神，成为世界著名的汽车商人。在与当时的英国首相丘吉尔聊天时，他无意中谈到了自己的苦难史。

丘吉尔很惊讶地问："以前怎么没听你说过这些？"

约翰·艾顿笑道："有什么好说的呢？正在受苦或正在摆脱受苦的人是没有权利诉苦的。"

丘吉尔说："但你完全可以寻求别人的帮助呀？"

约翰·艾顿说："苦难变成财富是有条件的，这个条件就是，你战胜了苦难并远离苦难不再受苦。只有在这时，苦难才是你值得骄傲的一笔人生财富。别人听着你的苦难时，也不觉得你是在念苦经，只会觉得你意志坚强，值得敬重。"

丘吉尔十分赞同约翰·艾顿的观点，并在自己的自传中写道："苦难是财富，还是屈辱？当你战胜了苦难时，它就是你的财富；可当苦难战胜了你时，它就是你的屈辱。"

美国汽车业超级巨星李·艾柯卡也是在面临苦难和挫折的考验时，凭借着顽强的精神和超群的才智重振旗鼓，再创辉煌。

1946年8月，21岁的艾柯卡到福特汽车公司当了一名见习工程师。然而，实习尚未结束，艾柯卡对整天同无生命的机器打交道的工作已感到厌烦。他感兴趣的是到销售部门同人打交道。经过一番努力，福特公司宾夕法尼亚州的地区经理终于给了他一个机会，他当上了一名推销员。

经过几年的摸爬滚打，1949年，艾柯卡当上了宾夕法尼亚州威尔克斯巴勒的地区销售经理。有一次，在本地区的13个小区中，艾柯卡的销售情况最差。经过冷静分析，艾柯卡想出了一个推销汽车的绝妙办法：谁购买一辆1956年型的福特汽车，只要先付20%的货款，其余部分每月付56美元，3年付清。这种分期付款的方式，让一般的消费者都能负担得起。艾柯卡把这个办法称为"花56元钱买五六型福特车"，结果仅用3个月时间，艾柯卡从原来的最末一名扶摇直上，一跃而居全国第一位。艾柯卡也因此名声大振，不久，公司晋升他为华盛顿特区经理。

艾柯卡那誉满汽车行业的推销术为福特公司创造了上百亿的美元，1970年12月10日，艾柯卡终于如愿以偿地登上福特汽车公司总裁的宝座，成了这家美国第二大汽车企业中地位仅次于福特老板的第二号人物。然而，"功高盖主"的艾柯卡引起了大老板亨利·福特的猜忌和不满。1978年7月13日，嫉贤妒能的福特在毫无征兆的情况下无情地开除了艾柯卡，不仅如此，福特还对艾柯卡的支持者进行了一次整肃，谁要是继续保持与他的联系，自己也

就有被开除的危险。

一时间，艾柯卡没有了朋友，没有了事业。艾柯卡反顾自己的职业生涯，自己当了8年的总裁，在福特工作已有32年，一帆风顺，从来没有在别的地方工作过，突然间失业了，艾柯卡几乎无法承受这个打击。

经过一番心态调整，艾柯卡决定东山再起。很快，他到了濒临破产的克莱斯勒汽车公司出任总裁。艾柯卡发现，这家公司几乎处于无政府状态，纪律松弛，35位副总裁各把一方，互不通气；财务混乱，现金枯竭；产品粗制滥造，积压严重……根据这些情况，艾柯卡一方面对内部进行了大刀阔斧的改革，一方面寻求发展资金，他舌战国会议员，说服财团取得了巨额贷款，重振了企业雄风。

经过一番整顿，克莱斯勒汽车公司起死回生，并制造出一种既漂亮又省油的动力充足的K型汽车。该车型刚一上市，就立刻引起了轰动效应，销售量猛增。这一年，K型汽车就占领了美国小型轿车市场20%的份额。后来，克莱斯勒汽车公司发展成为在美国仅次于通用汽车公司、福特汽车公司的第三大汽车公司。

1983年8月15日，艾柯卡把他生平仅见的面额高达8亿1348万多美元的支票，交到银行代表手里。至此，克莱斯勒汽车公司还清了所有债务。而恰恰是5年前的这一天，大老板亨利·福特开除了他。这一天对艾柯卡来说充满了纪念意义。

美国著名思想家曾说过："每一种挫折或不利的突变，是带着同样或较大的有利的种子。"直面挫折，不畏苦难，就能将局势扭转，铸造辉煌。约翰·艾顿将生活中的种种挫折和不利转化为成功的动力，在困境中锻炼了自己的品质，学会了坚忍，最终成为世界著名的汽车商人李·艾柯卡从一个一文不名的推销员，到福特汽车公司的总裁，而后被解雇。然后又担任克莱斯勒汽车公司的总裁，把这家濒临倒闭的公司从危境中拯救过来，奇迹般地东山再起，使之成为全美第三大汽车公司。他那锲而不舍、转败为胜的奋斗精神使人们为之倾倒。在20世纪80年代以及90年代初，成为美国商业偶像第一人。

3. 自我救赎唯一的途径，就是不断奋斗

辛勤的蜜蜂永没有时间悲哀。

——威廉·布莱克

夏日，一个闷热的午后，一个穿着泳衣的女孩在户外游泳池旁认真地练习，由于长时间在烈日下训练，她的后背被太阳晒得脱掉一层皮，火辣辣的疼，但她却始终不曾叫苦喊疼。她就是云南省玉溪市优秀游泳残疾运动员何悦悦。

何悦悦小时候生了一场大病，导致两耳失聪，外面的世界从此变得沉寂无声。她从小便知道自己耳聋，却从来不自卑，因为她有一个梦想——成为一名游泳健将。从8岁起，何悦悦就开始练习游泳，由于听力障碍，她基本听不见教练对游泳动作的讲解，所以她只能用敏锐的眼睛仔细地观察教练的手势和翕张的嘴唇，再观察其他运动员的动作从而理解教练的意图。平常练习时，何悦悦先在岸上认真地反复模仿别人练习的基本动作，然后再下水去体验摸索。

不管酷夏寒冬、刮风下雨，何悦悦每天都要到游泳馆接受训练，她每次

训练的强度都非常大，从不甘于落后。其他运动员都起水休息了，她还要继续游完1至2千米。“宝剑锋从磨砺出，梅花香自苦寒来”，经过日复一日、年复一年的刻苦训练，何悦悦的游泳成绩有了质的提高，逐渐表现出了游泳的天赋。

很快比赛的机会来了，敏捷娇健的何悦悦不断击败对手，载誉而归。在2003年、2004年全国残运会比赛中，何悦悦共获5枚金牌，其中两个项目打破全国纪录。从此，何悦悦不断击水奋游、摘金夺银，不断奋斗、超越自己、挑战极限。2005年元旦，何悦悦代表中国聋人参加聋奥会夺得200米蛙泳银牌，那是我国运动员在聋奥会历史上获得的第一块游泳项目奖牌；2007年在第七届全国残运会中，何悦悦一举夺得六金，震惊残运会；2009年在第21届听障奥林匹克运动会上，何悦悦夺得3金2银1铜并打破三项听障游泳世界纪录；2009年在云南省第九届残疾人运动会上连夺五金，整个赛场都为她而沸腾……

何悦悦凭借自己的乐观进取、顽强奋斗、超越自我，在水面上谱写了自己人生的精彩乐章。何悦悦说：“我没有把自己当成残疾人，我最大的梦想就是参加奥运会，与正常人一起竞争！”

自我救赎唯一的途径，就是不断奋斗、不断超越自我。美国第32任总统富兰克林·罗斯福就是这样奋斗出来的。

富兰克林·罗斯福从哈佛大学毕业后，便开始了从政生涯。在1920年的总统选举中，他被任命为民主党副总统候选人，但不幸被共和党候选人柯立芝击败。厄运接踵而至，1921年8月，在扑灭了一场林火后，汗流浃背的罗斯福纵身跳入冰冷的海水里，结果不幸患上了脊髓灰质炎症，导致他下身瘫痪。

然而，罗斯福不愿意在飞来横祸中自暴自弃，不甘心返回他的农场过一

个残疾人通常不得不面对的田园生活。罗斯福暗下决心重返政坛。

罗斯福比较系统地阅读了大量有关美国历史、政治的书籍，还阅读了许多世界名人传记，还有大量的医学书籍，几乎每一本有关脊髓灰质炎症的书他都看了。不仅如此，他每天还积极和大夫们进行详细的医治讨论，并进行艰苦的锻炼。

罗斯福接受各种痛苦的治疗，日复一日地锻炼。为了使两腿伸直，罗斯福不得不打上石膏。每天他都要戴上“酷刑架”，要把两腿关节处的楔子打进去一点，以使肌腱放松些。经过反复的锻炼，罗斯福终于能坐起来了。

能坐起来之后，罗斯福又想重新走起来。罗斯福叫人在草坪上架起了两根横杠，一条高些一条低些。然后，他就在这两条杠子中间挪动身体，就像蜗牛走路一样，又慢又艰辛。当完成在草坪上的挪动锻炼之后，罗斯福又进一步挑战自己，他要上街去逛逛。于是，罗斯福就拄着拐杖在公路上蹒跚着朝前走，每天都要争取比前一天多走几步。后来，罗斯福还让人在床正上方的天花板上安装了两个吊环，利用这两个吊环，罗斯福坚持锻炼手部的力量。

1922年2月，医生给罗斯福安上了用皮革和钢制成的架子。借助这种架子和拐杖，罗斯福终于可以站立起来讲话了，并参加了1924年的总统选举。罗斯福勇于奋斗的精神感染了所有参会者，结果他当选了美国第32任总统。

别妄想在岁月的流逝中完成自我救赎，时间是无法自动愈合伤痕的，充其量只是在伤口处结一层厚厚的痂，若想起再撕去，依然会鲜血淋漓；别奢望在他人的扶持下完成自我蜕变，有人可以送你一程，无人能够伴你一生。若想自我救赎，唯有不断奋斗。两耳失聪的何悦悦通过不断奋斗成为游泳健将；罗斯福通过不断奋斗，战胜病魔重返政坛。当厄运来临时，人们与其祈求上帝的眷顾，不如运用奋斗来磨砺自己。正如英国浪漫派诗人威廉·布莱克所说的“辛勤的蜜蜂永没有时间悲哀”那样，唯有奋斗才能获得最甜蜜的收获。

4. 让苦难开花，奋斗的青春最美丽

青春的光辉，理想的钥匙，生命的意义，乃至人类的生存、发展……全包含在这两个字之中……奋斗！只有奋斗，才能治愈过去的创伤；只有奋斗，才是我们民族的希望和光明所在。

——马克思

年轻的孟非可谓命途多舛。1990年，19岁的他高考落榜。语文成绩仅次于江苏省文科状元，可数理化三科总成绩却不足100分，这样的高考成绩单让孟非在寻找复读的学校时屡屡碰壁。他也曾想过出去找工作，可一个高中生哪里有人要呢？在家里待的时间一长，孟非着急了：今后怎么办呢？思来想去，唯一的出路就是出去打工，那一年，孟非和几个同伴含泪离家去了深圳。

然而，深圳残酷的现实很快粉碎了他的幻想。一连十多天，他一遍遍翻阅着从街边捡来的旧报纸，寻找着招工信息；然后一次次去“见工”，最终

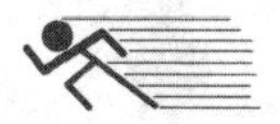

都一无所获。为了生存，孟非先后做过搬运工、送水工、保安、印刷工等工作。不仅累，报酬也少，而且时常还得忍受工头的责难与训斥。

孟非终于开始思考自己的未来，他在日记中写道："我不能一辈子待在这个地方，想换好工作，就得有知识。"深知只有知识才能改变命运，他前所未有地怀念起学校生活来。于是，孟非离开了深圳，回到了南京，决定继续学习。他选择了成人高考。1992年9月，孟非报名进入了南京师范大学中文系专科函授班。函授班针对社会在职人员招生，周六、周日上课。孟非十分珍惜这来之不易的学习机会，无论再累再忙，他都会按时听课。

孟非的人生转机出现在1994年，当时江苏电视台文艺部体育组要一名接待员，孟非眼前一亮，自从在报社的印刷厂工作之后，他一直对媒体心向往之。虽然他明知这接待员的工作最多只是端茶倒水、接接电话，可他还是去报了名。这一次，孟非打工的经历帮了他，身体强壮能吃苦的他很快被录用了，成为电视台里的一名临时工。

这份工作孟非一干就是1年多，虽然很努力，但他仍然是临时工。看着很多记者华丽转型成为主持人，孟非心想：难道我这辈子只能端茶倒水吗？

1994年7月，孟非通过两年的函授班学习，拿到了南京师范大学中文系专科文凭，此时他萌生了一个大胆的想法：我为什么只能打杂？我也要做一名记者！

有了奋斗的目标，孟非的生活里仿佛洒满了阳光，他每天早早来到台里，利用帮记者们打扫卫生的机会熟悉记者的工作流程。如果一些老记者出去采访时需要带一个扛摄像机的，孟非总是争先恐后地去干——为这个，他多次被别的临时工骂成"傻冒"。但是只要一出去，他都多少有些收获，或者学会些采访技巧，或者熟悉摄像机的操作。

终于，孟非的努力获得了回报，他先后参与了《西域风情》《飞向亚特

兰大》等节目的拍摄活动，频获奖项。从1999年起，孟非不仅做了记者，还当上了主持人，他在江苏广播电视总台城市频道担任了制片人、主持人。

孟非继续奋力奋斗，不断为提高电视台的收视率而努力。他先后主持了《南京零距离》《绝对唱响》《名师高徒》等栏目。2010年起，孟非剃着光头、穿着西装主持大型婚恋交友节目《非诚勿扰》，该节目一炮而红，迅速蹿至全国综艺节目收视率的榜首，深受全国观众的喜爱。凭借出色的口才和亲民朴实的台风，孟非很快成为家喻户晓的金牌主持人。

从落榜生、搬运工成长为金牌主持人，孟非的奋斗故事很励志。青春是美好的，然而真正的青春只属于这些永远力争上游的人、永远忘我劳动的人。知名传媒人刘新宇为了让留守儿童听着故事入睡，通过不断奋斗，最终迈出了坚实的一步。

曾任《中国新闻周刊》副总编辑的刘新宇辞职以后，开始想着为社会做更多贡献，但是要从哪里开始着手呢？有一次，刘新宇跟一个村里的孩子一起去上学，路过一个水田时发现里面有个人在插秧。刘新宇走近一看是个老奶奶，因为年事已高，老人家插秧的速度很慢。可是令人意想不到的是，老奶奶身上还背着一个小孙子。这些孩子的父母都去哪里了？去外地打工了！

有数字显示，由于童年爱的缺失，34%的孩子有自杀倾向，70%的孩子有程度不同的心理问题。这直接促使了刘新宇“上学路上”公益项目的诞生。“留守儿童是中国乡村图景的一部分，目前乡村空心化已经到了非常严重的地步。”刘新宇越来越迫切地想为这些孩子做些什么。在许多人的童年记忆里，枕着妈妈的臂弯听着故事入睡，那是一件很幸福的事。不过，留守儿童一年到头见不到妈妈，要想听故事入睡，简直是一种奢望。

为了让留守儿童听着故事入睡，刘新宇开始奔波起来。他把自己的新事业称为“温情陪伴”，简单来说，就是将筛选过的儿童故事录在MP3里，即

故事盒子，然后带给乡村缺乏温情陪伴的孩子们。

根据刘新宇的目标，他要在5年内覆盖万所学校约500万孩子，在9年内覆盖全中国约6000万留守儿童。通过一番奋斗，刘新宇的“上学路上”已为4省11所学校共2300余名学生送去了故事盒子。

在故事的选择方面，刘新宇组织专家委员会精心挑书，这些委员会成员要包括儿童学家、作家、心理学家、儿童读物出版商，在内容方面要选择那些趣味性、可读性强的短小精悍的故事。“上学路上”故事的定位，是更多地传达温情陪伴，而非知识教育和道德灌输。

未来，刘新宇将在“上学路上”不断奋斗，以便为更多留守儿童送去故事盒子，让他们听着趣味故事入睡，获得更多温情陪伴。当被问及之前告别媒体圈的感受时，刘新宇只说了三个字“不后悔”。他用自己的方式向我们证明，不管做媒体还是为孩子们奔波，只要在路上，就总能找到让生命有意义的方式。

无产阶级革命导师马克思指出：“青春的光辉，理想的钥匙，生命的意义，乃至人类的生存、发展……全包含在这两个字之中……奋斗！只有奋斗，才能治愈过去的创伤；只有奋斗，才是我们民族的希望和光明所在。”孟非从一名高考落榜生，历经坎坷，成长为国内当红主持人；刘新宇发起“上学路上”公益项目，要为中国约6000万留守儿童做故事盒子。他们的奋斗故事不会随着时间的流逝被人们遗忘。

5. 让奋斗的狂潮，冲破人生的所有障碍

> 如果人生的途程上没有障碍，人还有什么可做的呢？
>
> ——俾斯麦

在长江碧波间，锣鼓喧天、百舸争流、万人欢呼，长江三峡国际龙舟拉力赛正在紧张进行中。这时有一只龙舟队击水而来，他们戴着默镜，舞桨如飞，迎得了群众的阵阵掌声。他们就是首次参加龙舟比赛的盲人龙舟队。

龙舟队的带头大哥，就是年过六旬的宜昌市盲人协会主席颜昌玉。颜昌玉十多年来培养盲人按摩师400多人，开办了3家盲人按摩店，安排残疾人就业近百人。在颜昌玉的带领下，很多盲人通过自身努力，克服了身体残疾、勤劳致富。为了表现积极乐观的生活态度，他们利用业余时间练习划龙舟，最后参加了龙舟比赛。

“17年前，就是在这里，我几次想跳下去。”65岁的“全国自强模范”颜昌玉“望”着滚滚江水，喃喃地说。过去的17年，颜昌玉经历中年失业、创业受挫，但终究没向困难低头。如今，他不仅事业有成，开办了多家按摩店，还带出2000多个盲人徒弟，将“黑色世界”耕耘得繁花似锦。

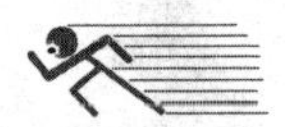

“最初选择创业，是被逼出来的。”1997年，以安置残疾人为主的宜昌胶木电器厂走到了终点。自1968年进厂，从班长、车间主任、副厂长，一直干到厂长的颜昌玉不得不接受工厂破产的现实。他同800多名残疾工人失业了。

宜昌市民政局长找到颜昌玉，让他当福利院院长，他一口回绝：“厂长失业了去当院长，工人怎么办？”

不服输的颜昌玉变卖家产，和妻子贺美珍一道，怀揣8000元现金，前往北京学习按摩技术和中医理论。半年之后，夫妻俩顺利取得职业资格证书。“明眼人创业都难，盲人更不要异想天开了”。然而颜昌玉不信邪，愣是在宜昌市西陵区隆康路把店开起来了。店名“布耐德”，取英文“盲人”音译，寓意盲人也能自食其力。

盲人自己挣口饭，确实不容易。开业之初，店里加上颜昌玉夫妇，总共6名按摩师、3张床，除了房租、水电、员工工资和日常开销，一个月下来，只挣10块钱。“那是最难熬的一段日子，跳江的念头都有。”颜昌玉说，店一度经营不下去，连自己都养不起，更别提带着残疾人致富了。

有志者事竟成。颜昌玉从滨江公园锻炼的人群中觅得商机，他每天带着员工到公园帮人们按摩，有钱的给个3元、5元，没钱的只求个广告效应。一段时间后，竟让他培育了市场，靠优质的服务和精湛的技术，按摩店逐渐走出了低谷。如今，颜昌玉开办了4个分店，年收入1000多万元。

自己富裕不是颜昌玉的目的。10余年来，他与宜昌市残联合作，开设残疾人按摩培训班，陆续培训出2000多名合格的残疾人按摩师，95%以上的人已成功就业。“我要让他们活得有尊严。”颜昌玉说。

构筑残疾人的精神家园，颜昌玉没少想办法。他举办盲人电脑培训班、英语培训班、与人沟通技巧培训班，开展盲人读书竞赛、写作竞赛等丰富员工的精神世界。“残疾人也要和健全人一样活出风采。”为此，颜昌玉率领盲人按摩师组成特殊龙舟队，参加中国龙舟公开赛；节假日带着徒弟进社

区，开展义工服务，寻找人生的价值。“残疾人完全有志向、有能力为人类社会作出重大贡献。”颜昌玉说。

人的一生有很多困难和障碍，攻克的利器就是奋斗。人生在世就要让奋斗的狂潮，冲破人生的所有障碍！颜昌玉等盲人不仅克服了自身残疾、勤劳致富，还在龙舟比赛中向人们展示了他们积极奋进的精神风貌。

温州商人叶国美的成功，也是其永不妥协、迎难而上的结果。

叶国美是个地地道道的温州人。创业之初，她主要进行录音带和二手服装的经销，并积累了不少资金。

1989年，叶国美来到香港发展。通过近一个月的考察，叶国美发现，自己如果要在香港经营服装，很可能步履维艰，因为这里的服装业很成熟，而且人们对衣服质量的要求也很高。

这时，叶国美从一些护士长的口中了解到，有一些医院所用的医疗器械质量很差，但是却不知道去哪里采购更新。说者无心，听者有意，叶国美看到了其中的商机。叶国美就放弃做服装生意的想法，转做医疗器械。

很快，叶国美代理了一家德国的医疗器械公司，并开始在深圳、广州、武汉、北京等地寻找销路。当时，叶国美在内地没有自己的公司，销售出去的产品无法开具发票。叶国美只有通过别人的公司走账和开发票。

1998年，叶国美将65万元货款打入林氏兄弟公司账户，而林氏兄弟却携款潜逃出国。后来，叶国美借遍了所有亲戚朋友后，终于还上了65万元的货款。不久后，好消息传来，林氏兄弟潜逃出国时被抓，65万元货款也最终追讨回来了。从此，叶国美下定决心创立自己的公司。经过多年发展，她先后创办了3家医疗器械销售公司，并且投资游轮、大厦等多个项目。

德国政治家俾斯麦指出：“如果人生的途程上没有障碍，人还有什么可做的呢？”可见人生的障碍越多，越能激发人们的斗志。颜昌玉克服重重困难，最终带领盲人龙舟队参赛；叶国美克服种种障碍，最后创业成功。

第三章

心态决定成败，奋斗有道才会赢

生活需要一颗感恩的心来创造，一颗感恩的心需要生活来滋养。经常怀着感恩之心，才会心地坦荡、胸怀宽阔，自觉自愿地给予别人帮助，享受帮助别人的快乐。

1．只有停止抱怨，才能完胜自己

如果你陷入困境，不要尖声抱怨错误，要从中吸取教训。

——比尔·盖茨

晴朗的午后，一架客机缓缓降落在美国纽约肯尼迪国际机场上。熙熙攘攘的人流中，一位中国学者拉着行李箱向机场外走去。刚一走出机场大门，一辆出租车正好在他面前停下，从车里快步走出一位司机，殷勤地为中国学者打开了车门。中国学者见状不由微微皱眉，担心遇到的是宰客的“黑出租”。

似乎看懂了中国学者的担忧，司机笑嘻嘻地递上一张宣传卡片，只见上面用中英文写着：

“我是约翰，我的服务宗旨是：在友好的氛围中，以最快捷、最安全、最省钱的方式将客人送达目的地。”

中国学者看完卡片却并不觉得安心，因为平时在国内遇到的一些“黑出租”总是在乘客刚上车时态度很好，但却往往以最慢、最危险、最昂贵的方式将乘客送达目的地。面对司机热忱而期待的眼神，中国学者犹豫了一下，还是上车了。

“来一罐咖啡怎么样，或者可乐、橙汁？全部免费，随意饮用。”开车前约翰开腔了，他不像别的司机一样一开始就问去哪里，然后算计着成本，一边开车一边抱怨堵车、油贵、负担重。

中国学者略一迟疑，说：“那就来一罐橙汁吧！”

约翰将橙汁递给学者，继续说道：“你可以边喝边看《时代周刊》《国家地理杂志》《华尔街日报》，它们就在座位后面的袋子里。”

“哦，不需要，谢谢。”中国学者变得轻松起来。

“那么，你想听音乐广播吗？选一个吧。”约翰拿过一张纸递给中国学者，上面标明了哪个电台、哪个频率、哪个时间段播放什么样的音乐节目。

“你还没有问我去哪儿呢？”中国学者觉得越来越有意思。

“我们先上路再说。你现在想去哪里？还有，空调的温度是否合适？”约翰问道。

“温度很合适，我要去纽约贾维茨会展中心。”中国学者放心地说出了自己的目的地。

“好咧，马上为你导航，约有半个小时车程。如果你要改变目的地了，可以随时告诉我。”约翰要专心开车了。

“你一直这样服务吗？”中国学者有些好奇地问道。

“不，不，此前，我也像其他出租车司机一样，大部分时间都愤愤不平、喋喋不休，整天抱怨路况交通、政府部门还有客人的刁难。直到有一天，我在收音机里听到韦恩·戴尔的一段话，他说：‘停止抱怨，你就能在众多竞争者中脱颖而出。不要做一只鸭子，要做一只雄鹰，鸭子只会‘嘎嘎’抱怨，而雄鹰则在芸芸众生中奋起高飞。’”约翰接着说，“所以，我

做了这些改变，让每位客人都感觉很舒适。一年后，我的生意和收入就翻倍了，很多都是回头客。”

下车的时候，中国学者说：“约翰，你的服务很周到，我有机会肯定再坐你的车。”

“谢谢，祝你好运！”约翰从后备箱里为中国学者提出了行李箱。

与其终日抱怨，不如改变自己。出租车司机约翰面对乘客时，并没有像其他出租车司机那样抱怨交通路况或者油价的涨跌，而是尽自己最大的努力做好服务，让乘客能享受到舒适的旅途。人们只有远离抱怨，才能完胜自己，实现从鸭子到雄鹰的蜕变。亨利·内斯特莱也是停止抱怨之后，通过刻苦研究，才创立雀巢公司的。

1814年，亨利·内斯特莱出生在德国法兰克福的一个富裕的家庭里，并度过了无忧无虑的少年时代。由于纳粹分子的政治迫害，在1833年他的家族逃到了瑞士。流亡异国他乡、经历了家族的没落后，亨利·内斯特莱尝尽了人世间的艰辛。亨利·内斯特莱终日郁郁寡欢，脾气变得暴躁起来，他不仅抱怨纳粹德国的政治迫害，还抱怨瑞士绵延不绝的高原山地。

有一天，亨利·内斯特莱路过一个山谷，发现田里的小麦全被山洪冲倒在地，横七竖八、泥泞不堪。不远处，有一个农民正在躬身劳作。亨利·内斯特莱心想：小麦已经倒伏成片，那个愚蠢的农夫还在忙活什么？亨利·内斯特莱走近观察，发现农民正一株株地扶起小麦，还在空缺的地方补种小麦，他干得异常投入，脸上找不到一丝沮丧。

亨利·内斯特莱忍不住问那个农夫：“小麦都被山洪毁掉了，你难道不抱怨吗？”

农夫回答说：“抱怨有什么用，那只能让事情变得更糟糕。虽然洪水毁坏了我的庄稼，但却给我带来了丰富的养料，你看到的这些烂泥全是肥料。

我敢保证今年肯定能获得大丰收。”说完，农民哈哈大笑起来，笑声在山谷中久久地回响着。

农夫的话像闪电一样刺破了亨利·内斯特莱内心的阴霾。亨利·内斯特莱心想：是啊！抱怨有什么用呢？抱怨不能改变任何事实，只能使事情变得更糟。他对农夫深深地鞠了一躬，觉得心中的郁闷和不快都烟消云散了。

后来，亨利·内斯特莱通过刻苦学习，成为一名药剂师的助手。那时候，因为缺乏合适的奶制品，很多地方的婴儿死亡率很高。于是，亨利·内斯特莱就开始研究可以减少婴儿死亡率的奶制品。在漫长的研制过程中，他经历过无数次的失败，每次失败时他都会在大脑里回放自己与那位农民的对话，时刻提醒自己不要抱怨，以积极的心态继续研究下去。

1867年，亨利·内斯特莱成立了自己的食品公司，并研制出一种将牛奶与麦粉科学地调配而成的婴儿奶麦粉。当时，有一位婴儿刚出生不久，因为母乳供应不足，婴儿体质羸弱，生命垂危。

在征得婴儿母亲的同意后，亨利·内斯特莱马上组织专家联合会诊，用新研制的婴儿奶麦粉取代母乳进行喂养，结果那个婴儿奇迹般地活过来了。从此，亨利·内斯特莱和他创立的雀巢公司名声大震，并开创了公司辉煌的百年历程。

微软创始人比尔·盖茨指出：“如果你陷入困境，不要尖声抱怨错误，而是要从中吸取教训。”出租车司机约翰停止抱怨，全方位服务客户，结果让自己的收入实现翻倍。家道中落的亨利·内斯特莱停止抱怨，完胜了自己，既研发出婴儿奶麦粉，又实现了雀巢公司的百年辉煌。那么，你现在还想抱怨吗？

2. 学会知足，心一暖人就会幸福

幸福有它的两重性：一方面在于福至心灵，时来运至；另一方面，也是最实际的方面，就是知足常乐地安度日常生活。

——冯塔纳

在一处福彩销售点，买彩票的人络绎不绝。不远处的一棵树下，坐着一个垂头丧气的年轻小伙子，他已经买了很多年彩票，却始终没有中奖。他看着片片落叶无情地坠落，想到自己蹉跎了青春却始终一事无成，忍不住流下眼泪。

这时，有一位白发老者朝他走了过来，问道："年轻人，你为什么不快乐呢？"

年轻人叹了口气，说："都说男人不可以穷，但我真是不明白，为什么我总是这么穷？"

"穷？你很富有嘛！"老者说。

“这从何说起？”年轻人有些摸不着头脑。

老者问：“假如现在砍掉你一个手指头，给你1000元，你干不干？”

“不干。”年轻人答道。

“假如斩掉你一只手，给你1万元，你干不干？”老者盯着年轻人的右手说道。

“不干。”年轻人立刻回绝。

“假如让你的双眼都瞎掉，给你10万元，你干不干？”老者问。

“不干。”年轻人赶忙摇头。

“假如让你马上变成80岁的老人，给你100万，你干不干？”老者边说边捋着胡子。

“不干。”年轻人断然拒绝。

“假如让你马上死掉，给你1000万，你干不干？”老者问。

“不干。”年轻人态度已经十分坚决了。

“这就对了，你已经拥有超过1000万的财富，为什么还说自己穷呢？”老者哈哈大笑起来。

年轻人恍然大悟：原来财富就在自己身上。于是他重新审视了自己一遍，然后站起来，对老者千恩万谢，然后心情轻松地离开了。

买彩票中奖的概率微乎其微，年轻人四肢发达，却不想通过劳动改变命运，而将致富的梦想寄托在一张又一张彩票中，结果在一次次的失望中蹉跎了青春年华。老者点醒了年轻人，让他学会知足：活着、年轻、双眼不瞎、四肢健全，本就是莫大的幸福和财富。人们只要拥有这些，就可以去创造更多财富了。

无数的事实证明：很多人不断追求财富，拥有豪车和别墅后，还想要更好的豪车和更大的别墅，欲壑难填，最终落入万劫不复的境地。要知道古希

腊伟大哲学家苏格拉底，还住过只有几个平方的“胶囊公寓”呢。

苏格拉底还是单身的时候，曾经和几个朋友合租了一间只有七八平方米的房子，虽然每人只有不到两平方米的空间，但他却感到十分满意，每天都喜笑颜开。

有个富有的学生曾经问他：“您和那么多人挤在一起，连转个身都困难，有什么值得高兴的？”

苏格拉底说：“我与朋友们住在一起，随时都可以交流思想、交流感情、分享信息，这难道不值得高兴吗？”

不久后，朋友们都结婚了，陆续搬出去寻觅爱巢，屋子里只剩下苏格拉底一个人，但他每天仍然很开心。

富有的学生看到后，又问他：“现在只剩您一个人孤零零地住在破烂的屋子里，还有什么好高兴的？”

苏格拉底却说：“我还有很多书啊，一本书就是一位老师，我时时刻刻都可以向它们请教，这是多么令人高兴的事情呀！”

就这样，寒来暑往，苏格拉底穿着单衣，光着脚板，吃了上顿无下顿，依然专心致志地在屋里做学问。几年后，他成了雅典远近闻名的哲学家。

这时，苏格拉底也要结婚另置婚房了，他携新娘搬进了一栋七层高的大楼里，但他的家在最底层，底层又吵又不卫生。

那个富有的学生见到苏格拉底还是一副乐在其中的样子，好奇地问：“您也算是有身份的人，现在住这样的房子还能快乐得起来吗？”

苏格拉底笑逐颜开地说：“你不知道住底楼有多好啊！从街上可以一脚就走进家，搬东西不用花太多力气，朋友来玩也很方便，我还可以在空地上养花种草，多么有趣呀。”

又过了一年，苏格拉底把底层的房子让给了一位朋友，因为这位朋友

的家里有一位瘫痪的老人，上下楼不方便。而苏格拉底却搬到了楼房的最高层，每天都要爬楼梯，可他依然很快乐。

那富有的学生又问他："住顶楼又危险又辛苦，您有什么好高兴的？"

苏格拉底说："你有所不知，我每天上下几次楼梯，身体得到了很好的锻炼。而且顶楼光线好，看书写字不伤眼睛，而且没有人在头顶干扰，白天黑夜都非常安静。"

买彩票的年轻人认识不到自己身上的财富，终日自怨自艾、消沉颓废，其实他没有认识到健康地活着本身就是一种幸福和奋斗的资本。苏格拉底不论居住的条件多么恶劣，但他总是很满足、很快乐，始终以积极乐观的心态面对生活，所以他是幸福的。幸福其实很简单，正如德国作家冯塔纳所言，幸福有它的两重性：一是福至心灵，二是知足常乐地度日。

3. 懂得感恩，生活需要一颗感恩的心来创造

生活需要一颗感恩的心来创造，一颗感恩的心需要生活来滋养。

——王符

经济危机爆发后，城市里成千上万的失业者排着长队去领政府的救济金，而这些失业者家里的孩子则终日东游西荡，在垃圾堆里拾荒。

城里住着一个面包师，家境优渥，因此丝毫不受经济危机的影响。面包师心地善良，很同情孩子们的遭遇。有一天，他把几十个穷孩子聚集到一起，然后拿出一个盛有面包的篮子，对他们说："孩子们，这个篮子里的面包你们一人一个，快过来吃吧。以后，你们每天都可以来拿一个面包。"

这些饥肠辘辘的孩子们一窝蜂地拥上前，他们围着篮子推搡、争抢，谁都想拿到最大的面包。当他们拿到了面包，一顿狼吞虎咽后，旋即一哄而散，谁也没有工夫向这位好心的面包师说声"谢谢"。

在孩子们争抢面包的期间，有个衣衫单薄、身形瘦小的小女孩静静地

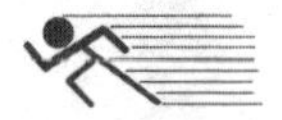

站在一边，既没有同大家吵闹，也没有与人争抢，等别的孩子都拿到面包跑开后，她才怯生生地走到面包师面前，礼貌地问："您好，先生，还有面包吗？"

面包师温和地笑着说："还有，不过这个面包是最小的。"

小女孩高兴地说："不要紧的，我要带回去跟妈妈一起吃。"

面包师心中涌起怜惜之情，不由问她："你叫什么名字？"

小女孩甜甜一笑，说："我叫伊桑，谢谢您的面包。"说完，就在面包师的手背上亲吻了一下，然后拿着面包开开心心地离开了。

面包师望着小女孩单薄的背影，心中突然有了一个好主意。

第二天，面包师又把一篮热气腾腾的面包放在孩子面前，其他孩子依旧像昨天那样疯抢一通，然后四散离开。

那个害羞腼腆的小女孩伊桑仍然等到最后，才领到一个比昨天还小的面包，但是伊桑还是很高兴地向面包师表达了谢意，并亲吻了他的手背。

"妈妈，你辛苦了一天，该吃点东西了。这是面包师叔叔特意留给我们的。"伊桑回到家，就兴高采烈地把面包掰开，要分一半给妈妈吃。

可是，奇怪的事情发生了，面包里"叮叮当当"地滚出许多黄灿灿的金币来。

"天啊，伊桑，赶快把这些钱给面包师叔叔送回去，一定是他揉面的时候不小心揉进去的。"

寒夜之中，伊桑怀揣着这些金币跑到面包师的家门口，敲开了门。

面包师慈爱地问："小伊桑，你有什么事吗？"

冻得瑟瑟发抖的伊桑颤声说："面包师叔叔，您的面包有点问题，里面居然滚出这些金币来，我妈妈叫我连夜还回来，免得您的生意受到损失。"

面包师感动地说："我的孩子，我给你的面包没有问题，我是故意把

金币揉进小面包里的，因为我要奖励你。因为你有一颗感恩的心。回家去吧，告诉你妈妈，这些钱是你们的了。我的生意不会受到任何影响的，放心好了。”

伊桑激动地跑回家，告诉了妈妈这个令人振奋的消息。在经济大萧条时期，伊桑因为懂得感恩，所以得到好心面包师的暗中帮助，这样，他们更加有信心能战胜当前的困难了。出生在山东聊城一个贫困农家的徐本禹也是一个懂得感恩的人。

徐本禹来自山东聊城的一个贫困的农村家庭。他的父亲是一名小学教师，母亲在家务农，是家里主要的劳动力。尽管家里穷，母亲还是经常拿出家里的东西帮助那些更贫困的家庭。徐本禹从小就受母亲的影响，知道应该帮助那些需要帮助的人。

1999年9月，徐本禹考入华中农业大学经贸学院经济学专业。考上大学后不久，徐本禹第一次接受了别人的帮助。那时徐本禹刚刚军训完，天气已经比较冷了，但他只穿着一件薄薄的军训服。同窗室友胡源的父母来看望儿子时，徐本禹正好在宿舍。阿姨看到徐本禹穿得少，就把自己儿子的两件衣服送给了徐本禹，并对他说：“天气冷了，别冻着。在生活方面有什么困难和叔叔阿姨讲。”徐本禹听了非常感动。正是这件事情改变了他一生的看法，当时他只有一个念头：接受了别人的帮助，就要把爱心传递下去，用自己的行动来帮助那些生活上需要帮助的人。

在大学期间，徐本禹节衣缩食，用自己勤工俭学的微薄收入和刻苦学习所得到的奖学金，先后资助多名经济困难的同学，并积极为社会公益事业捐款。从2001年到现在，他一直在资助湖北沙市一名叫许星星的孤儿（曾获全国十佳春蕾女童称号），从未间断。他在自述中写道：“我唯一能做的就是把爱心传递下去，用自己的行动来帮助那些生活上需要帮助的人。”

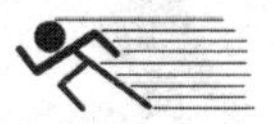

2002年7月，徐本禹参加学校组织的暑期社会实践，到贵州省大方县猫场镇狗吊岩村设在山洞里的为民小学支教一个月。这次社会实践使他更加深刻地认识了当下国情，激发了强烈的社会责任感，决心以实际行动为改变当地贫穷落后的状况贡献自己的力量。返校时，孩子们依依不舍，他向孩子们承诺一年后再回去给他们上课。考上研究生后，他打算放弃深造机会，回到贵州实践自己“阳光下的诺言”。学校经过研究，决定为他保留研究生学籍两年，支持他的行动。

徐本禹说，他支教的过程离不开学校及社会的方方面面所给予他的无私帮助。他放弃读研去贵州支教，学校破例为他保留了2年研究生入学资格，并捐款8万元用来修建希望小学；在他没有生活费，不知能否再坚持下去的时候，是楚天都市报的毕云大姐帮了他；支教半年以后，贵州团省委把他纳入扶贫接力计划，他的生活也有了保障。对此，他的感悟是：把感恩当作一种生活态度，这也是一种生活技能。

生活需要一颗感恩的心来创造，一颗感恩的心需要生活来滋养。经常怀着感恩之心，才会心地坦荡、胸怀宽阔，自觉自愿地给予别人帮助，享受帮助别人的快乐。伊桑懂得感恩，因此获得了好心人的诚心帮助；徐本禹从小得到了好心人的帮助，让他懂得知恩必报。

4. 学会宽容，世界会变得更加广阔

最高贵的复仇方式是宽容。宽容就像清凉的甘露，浇灌了干涸的心灵；宽容就像温暖的壁炉，温暖了冰冷麻木的心；宽容就像不熄的火把，点燃了冰山下将要熄灭的火种；宽容就像一只魔笛，把沉睡在黑暗中的人叫醒。

——雨果

林肯在竞选美国总统前夕，他在参议院演说时，遭到了一个参议员的羞辱。

那参议员说：“林肯先生，在你开始演讲之前，我希望你记住你自己是个鞋匠的儿子”。

“我非常感谢你使我记起了我的父亲，他已经去世了。我一定会记住你的忠告，因为我知道我做总统无法像我父亲做鞋匠那样做得好。”

整个会场陷入了一片沉默。

林肯转过头对那位傲慢的参议员说：“据我所知，我的父亲生前也为你的家人做过鞋子。如果你的鞋子不合脚，我可以帮你改正它。虽然我不是伟大的鞋匠，但我从小就跟我的父亲学会了做鞋子的技术。”然后，他又对所有的参议员说：“对参议院的任何人都一样，如果你们穿的那双鞋是我父亲做的，而它们需要修理或改善，我一定尽可能地帮忙。但是我可以自豪地说，我父亲的手艺是无人能比的。”

说到这里，他流下了眼泪，所有的嘲笑都化作了真诚的掌声。

有人批评林肯总统对待政敌的态度：“你为什么要试图让他们成为朋友呢？你应该想办法去打击他们，消灭他们才对。”

“我难道不是在消灭政敌吗？当我使他们成为我的朋友时，政敌就不存在了。”林肯总统温和地说。这就是林肯“消灭”政敌的方法，将敌人变成朋友。

他，两度当选为美国总统。

今天，在以他的名字命名的纪念馆的墙壁上刻着这样一段话：

“对任何人不怀恶意；对一切人宽大仁爱；坚持正义，因为上帝使我们懂得正义；让我们继续努力去完成我们正在从事的事业；包扎我们国家的伤口。”

宽容是一种力量。当我们掌握并能运用这种力量时，我们自然就会显得自信和强大。宽容并不是姑息错误和软弱，而是一种坚强和勇敢。只有勇敢的人才懂得如何宽容。南非国父曼德拉就是一位懂得宽容的人。

曼德拉是积极的反种族隔离人士，他曾领导和组织多次反对种族隔离运动。

1962年8月，曼德拉被南非种族隔离政权逮捕入狱，当时政府以“煽动”罪和“非法越境”罪判处曼德拉5年监禁，自此，曼德拉开始了长达27

年的“监狱生涯”。

1964年6月，南非政府以“企图以暴力推翻政府”罪判处正在服刑的曼德拉终生监禁，当年他被转移到荒凉的大西洋小岛——罗本岛上。曼德拉在罗本岛的狱室只有4.5平方米，在这里他受到残酷的虐待。

罗本岛四面环海，无路可逃，是关押政治犯的最安全的海上监狱。曼德拉被关在总集中营一个“锌皮房”里，他每天早晨排队到采石场，然后被解开脚镣，下到一个很大的石灰石田地，用尖镐和铁锹挖掘石灰石。有时从冰冷的海水里捞取海带。因为曼德拉是政治要犯，专门看押他的看守就有三人。这三个看守对曼德拉很不友好，每天总要以各种理由来虐待他，并以此为乐。

南非在实行种族隔离后期，受到了国际社会的严厉制裁。1990年，南非总统德克勒克迫于压力宣布无条件释放曼德拉。在监狱中度过了27年的曼德拉重获自由。1994年4月，非国大在南非首次不分种族的大选中获胜。当年5月，曼德拉当选南非历史上首位黑人总统。

曼德拉在罗本岛受了这么多苦，很多人认为他重获自由之后又出任总统，肯定会疯狂报复以前的“仇敌”。然而，当曼德拉出狱当选总统以后，他在总统就职典礼上的举动震惊了世界。

在曼德拉就职总统的典礼上，他邀请来了当初在罗本岛监狱看守他的三名看守。曼德拉致辞欢迎他的来宾，在介绍了来自世界各国的政要后，他说令他最高兴的是当初看守他的3名前狱方人员也能到场。他邀请他们站起身，以便他能介绍给大家。曼德拉博大的胸襟和宽宏的精神，让南非那些残酷虐待了他27年的白人汗颜，也让所有到场的人肃然起敬。当年迈的曼德拉缓缓站起身来，恭敬地向那3名曾关押他的看守致敬时，在场的所有来宾以至整个世界，都静了下来。

曼德拉后来向朋友解释说，自己年轻时性子很急、脾气暴躁，正是在狱中学会了控制情绪才活了下来。他的牢狱岁月给了他时间与激励，使他学会了如何处理自己遭遇苦难的痛苦。他说，感恩与宽容常常源自痛苦与磨难，必须以极大的毅力来训练。”曼德拉说起获释出狱当天的心情：“当我走出囚室、迈过通往自由的监狱大门时，我已经清楚，自己若不能把悲痛与怨恨留在身后，那么我其实仍在狱中。”

何为宽容，正如法国文学巨匠雨果所言：“最高贵的复仇方式是宽容。宽容就像清凉的甘露，浇灌了干涸的心灵；宽容就像温暖的壁炉，温暖了冰冷麻木的心；宽容就像不熄的火把，点燃了冰山下将要熄灭的火种；宽容就像一只魔笛，把沉睡在黑暗中的人叫醒。”廉颇以国家社稷为重，对蔺相如的屡屡挑衅百般忍让；曼德拉以宽容豁达的态度对待“敌人”，令自己的灵魂得以解放、不再畏惧。

5. 成功是一种态度，摆正心态才能赢

世界如一面镜子：皱眉视之，它也皱眉看你；笑着对它，它也笑着看你。

——塞缪尔·约翰逊

1978年3月的一天，大瓦伦达杂技团来到了风光旖旎的波多黎各圣胡安城。大瓦伦达杂技团是一支有名的杂技团，这个杂技团以在高钢丝上叠三人高的罗汉闻名，它第一次在欧洲出名的节目是四人在自行车上叠罗汉走高钢丝。因此，得知大瓦伦达杂技团要来表演，圣胡安城里的人们纷纷涌上广场，观看杂技团演员走钢丝的精彩表演。

只见，在30多米的高空中拉过一条钢丝绳，美国著名的钢索表演艺术家、大瓦伦达杂技团创立人瓦伦达一马当先，手握横杆，随时准备出动。要知道虽然走钢丝收入很高，但是危险系数也很高，杂技团的成员大多数因为意外事故而丧生。瓦伦达以精彩而稳健的高超演技闻名，从来没有出过事故，因此，当杂技团这一次要为重要的客人献技时，决定派他上场。

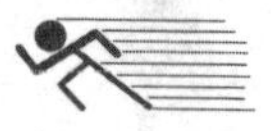

为了这次表演，瓦伦达从前一天开始就一直在仔细琢磨，每一个动作、每一个细节都想了无数次，他深知这一次上场的重要性：全场都是美国知名的人物，这一次成功不仅仅将奠定自己在演技界的地位，还会给演技团带来前所未有的支持和利益。因此，本次表演一定要小心、一定要功德圆满。现在，站在钢丝绳上的瓦伦达在心里反复对自己说："这次表演太重要了，不能失败，绝不能失败。"

瓦伦达小心翼翼地走上钢丝，马上吓出了一身冷汗，因为下面是不断骚动的人群，而身边是呼啸不止的大风，更要命的是，他的心中突然涌起了一股烦躁。

瓦伦达走着走着，风越来越大，心越来越乱，最后一脚踏空了，从高空上重重地摔了下来，当场死亡。观看表演的人们都被这一突发事件吓得魂不附体，登时四下逃散。

事隔多年，他的妻子痛苦地回忆说："我知道那次一定要出事，因为瓦伦达在上场前总是不停地说'这次太重要了，不能失败，绝不能失败'。而以前，他心里只想着走钢索，并专心为此做准备，根本不会去担心成功或失败。"

后来，科学家就把这种为了达到一种目的总是患得患失的心态命名为"瓦伦达心态"。

正所谓心态决定成败，奋斗有道才会赢。人们在奋斗的时候，要专注于奋斗做事的本身，而不要去关心这件事情的其他方面。瓦伦达在最后一次走钢丝时，没有摆正心态，时刻想着成功、不能失败，结果分散了自己的注意力，最终一失足成千古恨。

没有一个良好的心态，是很难持续奋斗获得成功的。美国全能游泳运动员罗切特在完成比赛之后，总会告诫自己"一切从头再来"，这就是一个良

好的竞技心态。

1984年，罗切特出生在美国一个游泳世家。在他不满1周岁的时候，父亲就开始教他学习游泳。很快，罗切特就以优异的成绩入选美国国家游泳队。这时候，罗切特遇到一位强劲的对手，那就是号称“美国飞鱼”“永远不要第二名”的游泳天才菲尔普斯。

菲尔普斯天生就是游泳的好材料，他的手臂比腿还要长，手掌比蒲扇还要大，有了这双强劲无比的手，什么蛙泳、自由泳、仰泳、蝶泳都不在话下。他一入水比鱼游得还要快，让罗切特和他的小伙伴们都惊呆了。

在很长的一段时间里，在国内外各种大赛小赛，只要他们俩同场竞技，菲尔普斯总拿第一，而罗切特只能屈居第二。因此，菲尔普斯被人们称为“泳界一哥”，而罗切特则被戏称“泳界二哥”。每次比赛结束时，罗切特总是对自己说：“一切从头再来，就有夺冠机会。”

虽然面对强大的对手，但是罗切特不甘心做“二哥”，他摆正心态，不放弃、不气馁，积极训练，希望有朝一日变成“一哥”。

为了在泳池里赶超菲尔普斯，罗切特想到一个训练的怪招，那就是换轮胎。罗切特承包了训练队所有人车辆轮胎的更换任务。无论谁的车辆轮胎爆了，就会大声喊：“罗切特，换轮胎。”罗切特听到后，就会以百米冲刺的速度赶过来，然后用手臂把车抬到千斤顶上，然后徒手卸下旧轮胎，换上后备轮胎。

罗切特心知肚明，自己要打败菲尔普斯，就必须在力量上超过菲尔普斯。菲尔普斯天生有一双强力长臂，而自己只能通过后天刻苦的训练来打败他。再说了，徒手换轮胎、扭螺丝，既可以锻炼臂力，又能增强体能。不久后，罗切特还向营养专家请教，学习自己做饭，做出一些既能增加力量而又不使自己肥胖的美食。结果，罗切特身上的肌肉纤维越来越多。当他的肌肉

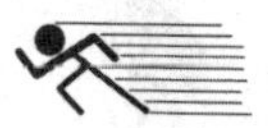

收缩时，这些肌纤维由长变短、由细变粗，就产生了源源不断的力量，而且爆发力越来越强。

2011年上海世界游泳锦标赛开幕，菲尔普斯志在必得地走进赛场，而罗切特则沉着应战、心静如水。兴奋的观众期待着美国双雄再次上演巅峰对决。

比赛就要开始了，罗切特站在第四道泳道前，而菲尔普斯站在第五道泳道前。菲尔普斯是众望所归的冠军，而罗切特则心无旁骛地直盯目标，蓄势待发。比赛哨声一响，“换轮胎高手”罗切特和“美国飞鱼”菲尔普斯一并跳入水中，“哗啦啦”击水，进行短兵相接的激战。

第一回合，比蝶泳，那是菲尔普斯的强项，但他仅领先了0.06秒；第二个回合，比仰泳，罗切特施展了超强臂力，他的双手像螺旋桨一样发动起来，反超并领先菲尔普斯0.19秒；第三个回合，比蛙泳，罗切特以百米冲刺的腿力快速腾挪，领先菲尔普斯0.29秒；第四个回合，自由泳，罗切特身上的肌肉纤维疯狂做功，持续发力，结果罗切特比菲尔普斯领先一个指尖的距离，夺取了男子200米个人混合泳决赛的冠军。“二哥”罗切特终于成功逆袭了“一哥”菲尔普斯。

想要成功，首先要摆正心态，排除干扰、专心致志、持之以恒，方能获得好的结果。正如英国小说家塞缪尔·约翰逊所说：“世界如一面镜子：皱眉视之，它也皱眉看你；笑着对它，它也笑着看你。”瓦伦达对走钢丝皱眉视之，最终驾鹤归西；罗切特对游泳竞赛笑面以对，最终夺冠。

6. 非智力因素才是成功的关键

成功=智力因素+非智力因素。

——爱因斯坦

父亲无奈地查看社区报，希望能尽快找到一份工作；母亲则不停地做家务，把地板拖了又拖，好像这样可以减少内心的痛苦；几个兄弟饿得哇哇直哭……每当看到这种情形，哈里就知道家里又断炊了。

哈里出生在一个典型的美国移民家庭里，家里有10个孩子，哈里是其中的老大，由于孩子多、家庭负担重，有时穷得没有任何可吃的东西。在这样艰苦的环境中，哈里立志要上大学，成为一个可领固定薪水的上班族，这样就可以好好改善家里的生活境况。

于是，哈里一边读书，一边打工挣学费。虽然他只有十几岁，但是他干起活来却十分卖力，从早晨睁眼的那一刻起，他就抓紧每一分钟干活与学习，直到晚上睡觉。

虽然哈里很努力，但是他的考试成绩并不突出，只能达到勉强及格的水平。读高中的时候，老师曾经建议哈里放弃上大学，改上一般的职业学校，因为他觉得对哈里来说那是比较务实、适合现状的做法。老师直言不讳地

对他说："由于你的智力因素，进入大学之后，你是不能在激烈竞争中获胜的。"

可是，哈里并没有听从这个劝告，他依然坚持要上大学。在上大学之后，哈里才深切地感觉到大学课程的艰难，因为他的阅读能力比较差，所以课本中的每一章节内容他都要反复读上五六遍才能够领会。

为了抓紧时间多看书，在走路、吃饭、上洗手间和睡觉前，哈里手里都抓着一本书，随时翻看。他说："每一件事我都得比别人多花时间，因为我总是那么死抠不放地、非常小心地要把事情做好。"

虽然智力方面不占任何优势，但是哈里凭借着自己的勤奋和坚持不懈，不仅大学毕了业，还读完了研究生的课程，拿到了博士学位。而后，他成为食品营养学方面的权威人士，领导着美国与加拿大两地两千多家联营保健食品商店。两种情况中非智力因素（情商）起了重要作用。也就是说，当一个人的智商不是很突出或很一般的时候，应该用情商促进智商，弥补智商的欠缺，所谓"笨鸟先飞"就是这个道理。相反，一个人智商较高，如果再注意调控自己的情绪，注重自我控制、自我激励，不断提高情商水平，加强非智力因素的建设，那么他就会获得更大的成功。

假如你有天赋，勤奋会使它变得更有价值；假如你没有天赋，勤奋可以弥补它的不足。低智商不代表失败，高智商也不代表成功，关键在于如何发挥非智力因素。美国神童威廉·詹姆斯·席德斯的陨落，正好说明了高智商的人也有所闪失。

席德斯原本是一名拥有极高数学和语言天赋的美国神童。他的父亲鲍里斯·席德斯是俄籍乌克兰犹太移民，在哈佛大学跟从威廉·詹姆士研究心理学及哲学，并取得四个学位，他母亲则在波士顿大学取得医学博士学位。

席德斯家境优渥，教育资源丰富，因此席德斯很早就成才。他在4岁时

就已精通法文。8岁时，他就可以流利地使用拉丁语、希腊语、法语、俄罗斯语、希伯来语、土耳其语。9岁时，他就在哈佛大学做四维空间的讲座，因而很早就已出名。

席德斯的智商特别高，当时的纽约智能测试协会主任亚伯拉罕·斯珀林说："我已经测试了超过五千人。席德斯是我所见过智商最高的一个人，没有人的智慧和敏锐接近席德斯。根据计算，他的智商可以很轻易超过230，甚至更可能高达250。是有史以来最聪明的人。"

但是，席德斯在成年之后，却并没有取得大家期待的成就。席德斯整天认为别人要算计他，他的行为变得古怪，最终慢慢淡出了公众的视野。23岁后，席德斯过上了独立的生活，只从事类似体力劳动的工作，他与父母疏离，并受到社会上的挫折。最后，席德斯在46岁的时候死于脑中风，死时一贫如洗。

"现代物理学之父"爱因斯坦曾说过："智力因素+非智力因素=成功。"智力因素并非决定成功的关键性因素，在一个人的成长道路上，往往是非智力因素起着关键性的作用。智力普通的哈里通过勤奋苦学，最终拿到了博士学位，成为专业人士，拥有了属于自己的灿烂人生。"神童"席德斯原本拥有极高的智商和卓越的学习天赋，最终却因为性格方面的因素，转而归于平淡，并未获得众人期待的成就。

7. 专注成就未来，做最好的自己

只要专注于某一项事业，就一定会作出使自己感到吃惊的成绩来。

——马克·吐温

夜幕初上，万家灯火折出温馨的光。此时，一个原本和睦的家庭中气氛却有些紧张。

“叫你学医，你却要报中文系，你想气死我吗，毕业之后你找到工作就有鬼了。”父亲气急败坏地说。

“我非常清楚我想要什么，那就是我爱写作不爱学医！”年轻人据理力争，把头扭到一边。

这位年轻人进入大一之后，每天都在写作，父亲认为他的文笔实在太差了，很难在中文系混出名堂。于是，就偷偷跑关系打算把他介绍进医院做份杂工，然后慢慢通过进修曲线学医。可是这位年轻人还是专注地爱着写作，他就是光线影业副总裁刘同。

在大学四年，刘同一直在做两件事情：第一是每天晚上写东西，不停地

投稿；第二是放寒暑假，所有的同学在玩游戏的时候，他就带着自己写的东西去各个单位实习。

刘同毕业以后，并没有走上父亲铺好的道路，而是进入了广播电台工作。当时面试刘同的是湖南郴州人，电台所有的主播过年都回家了，刘同就写了一封信给台长，说自己是湖南师范大学的学生，特别想为家乡的电台做贡献。台长很感动，就让主编联系刘同，对他说可以把20个同学都一起带来实习。于是，刘同就到学校招暑期实习生，只招郴州人，找了十几个同学。后来，刘同拿着电台的实习经验到广播电视报实习，再后来湖南电视台总编室招聘，他就很容易地进入湖南台实习了。

实习快结束了，有同学问刘同："你应该能够留在湖南台吧？"刘同说："不可以，因为我家里没有什么钱，又没有什么关系，怎么可能进入湖南台？"不久后，湖南台的老师说他们那里正好有招聘的，就让刘同去试一试。刘同抱着试一试的心态参加湖南台全社会的招聘，他的笔试和面试都是第一名。就这样，刘同顺利进入了湖南台工作。

到湖南台工作后，刘同不断坚持写作，后来不断发表文章，还出版了图书。刘同的坚持得到了父亲的认可，父亲宣布退让，再也不逼着他去学医了。后来，刘同出任光线影业副总裁，成为知名媒体人和青年作家。他出版的畅销作品有《谁的青春不迷茫》《你的孤独，虽败犹荣》等。

人们对待工作的态度，也就是对待人生的态度。专注到底见真爱，所以人们要像初恋一样爱上一份工作。刘同爱上了写作，读了中文系、去电台实习，最后到电台、光线影业工作，他坚持写作十几年，最终取得成就。这说明长期专注于某份工作也是一种奋斗的境界。百度创始人李彦宏，就是专注于做搜索，才让百度发展成为全球最大的中文搜索引擎、最大的中文网站。

李彦宏在20岁左右的时候，只身到美国留学。他就读于美国布法罗纽约

州立大学计算机系，毕业后并没有选择继续深造，而是马上进入企业工作。

李彦宏的第一份工作是去华尔街做实时金融信息搜索。当时，这份工作收入已经不错了。26岁的李彦宏，已经租得起一套独立公寓，还买了一辆属于自己的新轿车。很多人认为，李彦宏能混到这个地步已经不错了，不需要再那么拼了。

可是，李彦宏专注做搜索，奋斗不息，最终有了自己的专利技术。在华尔街，李彦宏十分专注于搜索工作，并有了两个重要发现：第一，华尔街股票市场上IT企业非常火爆，看来IT企业将成为世界经济的中坚力量；第二，很有必要发明一种有效的互联网搜索技术，让人们随心所欲地搜索到他想要的页面，这就是后来李彦宏在美国申请的“超链分析技术”专利。

超链分析就是通过分析链接网站的多少来评价被链接的网站质量，这保证了用户在搜索时，越受用户欢迎的内容排名越是靠前。该技术被世界各大搜索引擎普遍采用。很快，30岁不到的李彦宏就成了美国的百万富翁。人们认为，李彦宏待在美国就可以过上优渥的生活了，根本不用去想回国创业的事情。

可是，在2000年1月李彦宏在北京中关村创办了百度公司，致力于向人们提供简单、可依赖的信息获取方式。“百度”这一公司名称便来自宋词“众里寻他千百度”，该搜索引擎参悟中国国情，拥有浓浓的中国风，更懂中国网民的需求。最终，百度中国成为全球最大的中文搜索引擎、最大的中文网站。人们认为，李彦宏已经功成名就，大可“解甲归田”了。

然而，2015年3月在“两会”上，全国政协委员、百度CEO李彦宏却拿来了一个令人振奋的提案——“中国大脑”计划。他建议，设立“中国大脑”计划，以智能人机交互、大数据分析预测、自动驾驶，智能医疗诊断，智能无人飞机，军事和民用机器人技术等为重要研究领域，支持有能力的企业搭

建人工智能基础资源和公共服务平台。面对未来，百度公司将不断专注于搜索，不断续写新的传奇。

美国著名作家马克•吐温坦陈，人们只要专注于某一项事业，就一定会作出使自己感到吃惊的成绩来。青年作家刘同十几年专注于写作，最终书写了自己的精彩人生。李彦宏专注于做搜索，最终让百度的“熊掌”遍布世界。

第四章

让梦想向着阳光萌发，永不放弃

在追寻梦想的道路上，谁都会遇到困难和挫折，如果你在挫折之后对自己的能力或“命运”发生了怀疑，产生了失败情绪，就想放弃努力，那么你就已经彻底失败了。只有坚持梦想、不畏挫折，才能收获成功的硕果。

1. 被嘲笑的梦想，才更有被实现的价值

障碍与失败，是通往成功最稳靠的踏脚石，肯研究、利用它们，便能从失败中培养出成功。

——佚名

上班时间，在微软公司办公大楼里，员工们正在专心致志地工作。一个年轻人“咚咚”敲开了总经理办公室的门。

“你好，请问你有什么事吗？”金发碧眼的总经理打量着眼前的陌生小伙子，奇怪地问。

“我是送快递的，我只是过来问一下，你们公司有什么岗位适合我吗？”年轻人轻松地说。

总经理心想：莫非对方真是个人才？如果错过了岂不是公司的损失。于是，他将一份试题递给对方：“那好吧，你今天就先做个笔试吧。”

出乎意料的是，笔试成绩一塌糊涂。总经理发现这个年轻人只有中专学

历水平，与微软所要求的本科学历不符，而且他对软件编程一无所知。

笔试结束了，总经理对年轻人说："你没有达到我们工作岗位的要求，要知道微软公司的门槛是比较高的。"

年轻人说："对不起，这次我没有准备好。"

总经理随口说道："那好，我给你两个星期做准备，等你准备好了再来笔试。"

回去后，年轻人跟亲朋好友说起此事，大家都劝他还是早日放弃，没有必要做无谓的尝试。

可是，年轻人还想再奋斗一次。年轻人去图书馆借了计算机编程专业的书籍，然后足不出户，昼夜苦读。两周后年轻人果然又去见总经理了。这次，年轻人对总经理提出的相关专业问题已经基本能解答了。不过他还是没有通过面试，因为以他目前的水平仍然很难胜任软件工程师的职务。

面试结束后，总经理建议他："你现在不适合做程序员，不如先从销售做起，怎么样？"

"好吧。可我对销售也所知甚少。"年轻人表示担心。

"给你一周去准备，再回来面试销售的岗位。"总经理说。

年轻人回去后，就买了很多关于销售的书籍，又一次埋头苦读一周，再去面试。可是面试的结果还是不够理想，因为他虽然有了销售理论知识，但是没有销售操作能力。

"你为什么要选择应聘微软呢？对你来说每个岗位都那么艰难。"总经理想了解年轻人的求职动机。

"我知道微软公司的面试十分苛刻，其实我来面试这么多次只是为了与一流公司的管理人员交流一番，并有机会积累一些面试经验。"年轻人语气坦然地说。

“那好吧，那我就多给你几次增长面试经验的机会。”总经理来了兴致。

后来，这位年轻人放弃了快递的工作，专心学习销售技能，他先后去了几家大型的IT公司做了销售人员，积累了不少实战经验。每当微软公司招聘销售人员，他就去面试。

第四次不行，他又去第五次。在第五次面试时，当年轻人意气风发地走进办公室，像老朋友一样和总经理打招呼的时候，总经理高兴地对他说：“从今天起，你就可以成为微软公司的正式一员了。因为我们已经没有理由再拒绝你了。”

后来，该年轻人被微软公司列入重点培养对象，先后在销售、顾问、公关等多个岗位上独当一面。

在追寻梦想的道路上，谁都会遇到困难和挫折，如果你在挫折面前对自己的能力或“命运”发生了怀疑，产生了失败情绪，就想放弃努力，那么你就已经彻底失败了。只有坚持梦想、不畏挫折，才能收获成功的硕果。出身贫寒的史泰龙正是通过不懈努力而成为一代动作巨星，他的奋斗经历如同其代表作《洛奇》系列中主人公一样，是最励志的“美国梦”，是社会流变中不屈的平民英雄代表，激励着生活在磨难中的人们勇敢前行。

西尔维斯特·史泰龙出生在一个贫困的家庭里，他的父亲是一个赌徒，母亲是一个酒鬼。父亲赌输了，又打老婆又打他；母亲喝醉了也拿他出气发泄。在这样的家庭环境中长大，史泰龙常常是鼻青脸肿，皮开肉绽，他的学业一无所成，不久就离开了学校，很快就成了街头小混混。

直到20岁的时候，史泰龙发现有一些小混混暴尸街头，无人理会。这件事深深地刺激了史泰龙，从此，他开始反思自己的人生：“如果再这样下去，自己就成为社会垃圾、人类的渣滓，带给众人，留给自己的都是痛苦。

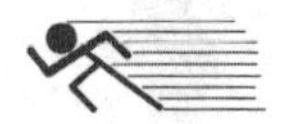

不行，我一定要成功！”

于是，史泰龙开始谋划自己的出路，他决心要走一条与父母迥然不同的路，活出个人样来。但是做什么呢？他长时间思索着。找份白领工作，没有文凭；经商，又没有本钱；做保安又没有清白身世。最后，史泰龙想到了当群众演员，因为这个活儿不需要文凭、不需要本钱，也不需要太多条件，一旦成功，还可以名利双收。

1970年，史泰龙来到了好莱坞，找明星、导演、制片人，找一切可能使他成为演员的人。他逢人就哀求：“给我一次机会吧，我要当演员，我一定能成功！”

“不行，你没有经验，观众不会喜欢你的。”很多导演回绝了他。

经过无数次的失败，史泰龙却并不气馁。每次被人拒绝之后，史泰龙就会总结失败原因，试图改正，然后再去找别的人谈。

2年时间弹指而过，史泰龙的钱花光了，他就在好莱坞里打杂。只要稍微有空一点，他又去求导演要演出的机会，但还是遭到无数次的拒绝。

这时，史泰龙想出了一个“迂回前进”的思路：先写剧本，待剧本被导演看中后，再要求当演员。幸好现在的他，已经不是刚来时的门外汉。2年多耳濡目染，每一次拒绝都是一次口传心授，一次学习，一次进步。因此，他已经具备了写电影剧本的基础知识。

1年后，史泰龙的剧本写出来了，他就拿着厚厚的剧本去找各种导演。

“这个剧本怎么样？贫民窟里的小喽啰也有美国梦！让我当男主角吧，我绝对能演好！”史泰龙显得信心满满。

“剧本好是好，不过男主角很关键，你如果演不好会全盘皆输。”导演们表示担心。

直接当演员不行，写出了剧本还是当不成演员，这让史泰龙很痛苦，要

知道6年的光阴已经过去，再不成功就要白了少年头了。史泰龙不知道什么时候能成功，但是他决定继续为之奋斗下去。

一天，史泰龙在电影公司门口守着一位曾拒绝过他20多次的导演。

“导演，今天我们再谈一下剧本修改和演出安排吧。”史泰龙发现导演出来，就上前拦住。

“哎呀，怎么上哪都能碰上你，我怕了你了。这样吧，就用你的剧本演，你当男主角。如果出来的效果不好，你以后就不要来找我了！”导演略有赌气地说。

等待6年的机会终于来了，史泰龙告诫自己不能有任何闪失，于是他拼尽全力，全身心地投入到电影拍摄中，在银幕上完美塑造了追求美国梦的硬汉形象。

1976年史泰龙自编自演的第一部电影《洛奇》成功上映，片中讲述了一个寂寂无名的拳手洛奇·巴布亚获得与重量级拳王阿波罗·克里德争夺拳王的机会，那是一个典型美国梦的故事。当时，该片是低成本制作，仅花费100万美元用28天就拍摄完成。结果竟然有超过1亿1720万美元的票房收入。从此，史泰龙一战成名。《洛奇》赢得1976年奥斯卡最佳影片奖，史泰龙也凭“洛奇”一角获得奥斯卡最佳男主角奖提名。

障碍与失败，是通往成功最稳靠的踏脚石，肯研究、利用它们，便能从失败中培养出成功。若要让梦想成为现实，必须克服障碍、直面失败、不畏嘲讽，这样才能迎来成功的曙光。送快递的年轻人一心要成为微软公司的一员，在亲朋好友的劝阻中依然初心不改、坚持不懈，最终得偿所愿。出身贫寒的史泰龙通过6年的奋斗，终于获得电影演出的机会，而他塑造的贫民窟小喽啰追求美国梦的过程也很励志，点燃了很多人的雄心与梦想。

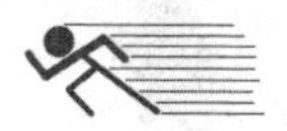
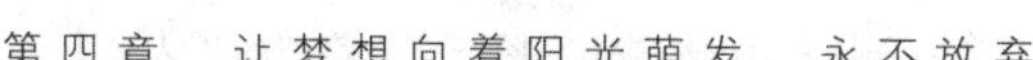

2. 水遇石而分流，为何不多搏一次

如果你问一个善于溜冰的人怎样获得成功时，他会告诉你：“跌倒了，爬起来”，这就是成功。

——牛顿

这家高速公路旁的小饭店，是桑德斯上校退休后拥有的全部财产。饭店虽小，但颇具特色。这里最受顾客青睐的一道菜是桑德斯上校发明烹制的炸鸡。由于味道鲜美、口味独特，仅此一项就给他带来了一笔可观的财富。然而，二战的爆发让桑德斯上校受到了沉重的打击，由于新建横跨肯塔基的高速路穿过他的饭店，他被迫卖掉餐厅，依靠社会保险金生活。

当桑德斯上校拿到第一笔105美元救济金时，尽管很沮丧，但他不愿向命运低头。他想到自己有一份炸鸡秘方，可以卖给餐馆。于是他走遍全国推销他的炸鸡方法。如果饭店喜欢炸鸡的味道，签约卖的每一块鸡，缴5分钱给他。

开始的时候，没有人相信他，有的饭店老板甚至觉得听这个怪老头胡诌简直是浪费时间。桑德斯上校的宣传工作做得很艰难，但他始终没有放弃。

在没有找到买主之前，他开着车走遍了全国，吃住都在车上。整整两年，他被拒绝了1009次，终于在第1010次走进一个饭店时，得到了一句“好吧”的回答。从此以后，他的连锁店遍布全世界，他也被载入了商业史册。这就是肯德基的由来。

人们为了纪念桑德斯上校，就在所有的肯德基店前树立一尊他的塑像，以此作为肯德基的形象品牌。俗话说：“神枪手是一枪一枪打出来的！”缺乏坚持不懈的毅力或者认为自己不能得到自己想要的东西，这两者都是阻碍大多数人勇于改变的关键原因。如果你能够紧紧抓住自己的目标不放，并坚持不懈，就一定会取得成功。

约翰·H·约翰森创办《黑人文摘》杂志，也是通过一次又一次的尝试，才获得成功的。

1942年，约翰森在美国芝加哥创办《黑人文摘》时，遇到了重重困难。第一批杂志印出来了，可是没有钱付最后一笔500美元的邮费，邮局拒绝给订户发征订函。

这时，约翰森就去找信贷公司借贷，该借贷公司要求他用财产作抵押。约翰森办杂志，几乎一贫如洗，哪里有什么财产。最后，约翰森说服了母亲将她以前用做嫁妆的一批家具作为抵押。很快约翰森就借到钱了，第一批杂志和征订函也顺利发出去了。

然而，在种族歧视环境下，《黑人文摘》的前途堪忧，发行量还是无法实现突破。为了宣传该杂志、扩大发行量，约翰森想到了一个花小钱办大事的办法，那就是请总统夫人出面在杂志上发表文章。

当时，约翰森策划了一个选题，那就是向很多知名白人约稿，让他们写“假如我是黑人”的系列文章。约翰森想，如果能请罗斯福总统夫人来写这样一篇文章，一定会达到意想不到的效果。

于是约翰逊就专门给罗斯福夫人写去了一封非常诚恳的信，表达了约稿之意。很快，罗斯福夫人回信说："太忙，没时间写。"

但是约翰逊没有气馁，他又给罗斯福夫人写了第二封信，但是她还是回信说她很忙。

以后，每隔半个月，约翰逊就会提笔给罗斯福夫人写信，提出同样的要求，而且言辞一次比一次恳切。前前后后，约翰逊给罗斯福夫人共寄了50多封信。

有一次，罗斯福夫人来到芝加哥访问，计划在芝加哥逗留几日。约翰逊闻讯后喜出望外，立即给总统夫人发了电报，恳请她来芝加哥的时候，给《黑人文摘》写一篇文章。

罗斯福夫人收到电报后，被约翰逊一次又一次的坚持所感动，于是她就迅速提笔，写了一篇简短的文章，传给约翰逊。

很快约翰逊开始大肆宣传第一夫人的署名文章，通过新闻媒体一曝光，美国人都知道了有这样一份《黑人文摘》。结果《黑人文摘》的发行量在一个月内，由原来的两万份激增到了十五万份，成为驰名世界的美国杂志。约翰森的经历向我们昭示：命运全在搏击，奋斗就是希望。失败只有一种，那就是放弃努力。

英国著名的物理学家牛顿，对于成功的解读并无华丽之词，他用浅显的比喻，说明了深刻的道理。他认为成功如同溜冰，要不断跌倒，不断爬起来奋斗。桑德斯上校被拒绝了1008次之后，终于听到了第一声"好吧"；约翰逊写了50多封信才约到了"第一夫人"的稿件。世界上没有一条可以一帆风顺走下去的道路，一帆风顺不过是一厢情愿的愿望罢了。想要享受黎明时的曙光，就必须在黑暗中坚持下去。成功是属于那些不辞辛劳，不断付出艰苦努力的人的。想成功，唯有坚持到底、永不言弃。

3. 有梦想的生活：痛并快乐着

> 一个人可以非常清贫、困顿、低微，但是不可以没有梦想。只要梦想一天，只要梦想存在一天，就可以改变自己的处境。
>
> ——奥普拉·温弗瑞

8月仲夏，炎热难耐，坐落于广西南宁市郊区的12亩“仙境葡萄”种植园被透明大棚密密覆盖，园内是枝桠交错的葡萄。葡萄园中央安装了传感器等联网设备。如果监测到棚内温度接近35摄氏度，系统就会自动打开喷雾降温，防止晒伤葡萄。如果监测到葡萄园连续一周的空气湿度超过80%，就会给葡萄管理员发送预警，提醒他们注意预防灰霉病等疾病。这就是白扬同学的“小葡萄大梦想”。

2010年，在美国农业部的弗莱斯诺城研究中心进行学术交流一年后，白扬放弃了继续留美深造的机会，毅然回到中国，在广西南宁种起了葡萄。

转眼间3年过去，1985年出生的白扬，与6位同龄合伙人在广西壮族自治区共同拥有3座葡萄园，当起了南宁相思葡萄农业科技有限公司的“白

总”。广西的葡萄园很多，种葡萄是不少果农的梦想，但是白扬等7个85后大学生种葡萄的做法和理念却与众不同，他们采用高科技、微小贷扶持等多种现代手段经营着自己的“葡萄梦”。

除了引进传感器等物联网设备外，白扬与合伙人们还在自己的葡萄园里引进了“云技术”，以信息化手段同步管理位于不同城市的葡萄园。当年，为了解决种植用地问题，他们一家一户去敲门游说，商量租地事宜。现在“仙境葡萄”已初具规模，大家希望能够建成一个立体式大型农庄，以葡萄种植为核心，延伸到葡萄酿酒或葡萄美容等领域。

2013年8月，全国各地葡萄纷纷上市，考虑到葡萄鲜果容易腐烂的缺点，白扬反其道而行之，推出了优质葡萄干，结果大获成功。除了推出差异化产品之外，为了进一步扩大竞争优势，白扬又引进了“葡萄一年两熟”的技术，让自己的葡萄园能长期供应葡萄。

在残酷的现实中，大学生创业成功的机会并不多，白扬他们也深知大学生创业之难。白扬知道目前已是“骑虎难下”，唯有不断坚持走下去，才有成功的希望。没有钱了，白扬就向当地政府申请微小贷。作为科技创新性质的大学生企业，当地政府部门也给予了适时的帮助。

白扬的父母一直以来都极力反对他创业。他们认为做这行生意太不稳定了，一阵风就能吹掉所有葡萄大棚。面对未来，白扬只有坚持梦想，克服困难，并努力走下去，他说：“有梦想，并为梦想而奋斗，那状态就是痛并快乐着。”

大学生创业虽然道路艰险，但是也有快乐的时光，因为为梦想奋斗本身就是一件快乐的事情。白扬在“仙境葡萄”里寻找葡萄产业的大梦想，虽然困难重重，但他却选择坚持下去。尾田荣一郎之所以能成为日本漫坛的超级新星，也是不断坚持梦想的结果。

四岁那年，有个男孩对自己说：“我要成为漫画家”。于是，日本漫坛的超级新星诞生了。这个男孩就是现在集英社漫画《少年JUMP》的第一作者尾田荣一郎。早在童年阶段，尾田荣一郎就显露了绘画方面的天分。在很小的时候，他就开始创作自己的漫画。尾田荣一郎的第一部漫画作品就是在纸上用铅笔画有关海盗的故事。后来，尾田荣一郎发现自己特别喜欢画“海盗”这个题材，于是专门画海盗，并发誓要在日本发行量最高的连载漫画杂志《少年JUMP》上连载他的海盗漫画。

为了进一步提高自己的画技，尾田荣一郎知道需要大师的指点，于是他先后给甲斐谷忍、德弘正也、和月伸宏”这三位漫画大师做过助理。在给漫画大师做助理期间，尾田荣利用闲暇时间创作了海盗题材的《ROMANCE DAWN》，但是这部漫画因为画稿质量稍逊一筹，没能得以刊载。

后来，尾田荣一郎的画稿也多次遭到其他杂志的拒绝。很多人都认为，尾田荣一郎再画“海盗”这个题材也没有出路了，因为很多人不喜欢“海盗”。

可是，尾田荣一郎不去理会这些流言蜚语，而是不断地提高自己的画技。通过长期的绘画、修改、完善与提高，尾田荣一郎终于克服了重重困难，让《海贼王》漫画横空出世。《海贼王》讲述了一个精彩纷呈的海洋冒险故事，受到了广大年轻读者的热烈追捧。在巅峰时刻，《海贼王》单行本的销量已经逼近1亿本，尾田荣一郎从寂寂无名的漫画助理，一跃登上了日本漫坛的巅峰。

美国脱口秀女王奥普拉·温弗瑞告诫我们，人们只要梦想存在一天，就可以改变自己的处境。大学生白扬怀着“小葡萄大梦想”，克服重重困难，坚持科技创新，一步一步接近梦想；尾田荣一郎从小立志要成为漫画家，于是他通过自己的长期苦练和当漫画大师助理等方式，克服了无数次拒稿的痛苦，最终实现了自己的梦想。

4. 可以量化梦想，但不要好高骛远

我宁可做人类中有梦想和有完成梦想的愿望的、最渺小的人，而不愿做一个最伟大的、无梦想、无愿望的人。

——纪伯伦

天刚朦朦亮，一个神情落寞的年轻小伙子就独自走出家门，继续寻找他的“美国梦”。他想发财都快想疯了，尤其是与相恋多年的女朋友分手后，房东再次来催租的时候。他告诉自己：今天一定要搞清楚到底要怎么做才能发财，才能成为百万富翁、千万富翁、亿万富翁。

在路上，年轻人随手捡起地上一份泛黄的报纸，发现上面刊登着当时的富豪排行榜，排在第一名的是美孚石油公司的洛克菲勒。他知道，洛克菲勒从小就吃尽了苦头，也没有上过什么正规学校，最后还是成为亿万富翁。于是，年轻人找到了洛克菲勒的家门口，按响了门铃。巧的是当天洛克菲勒正一个人在家没事做，他打开门一看，是一位素不相识的小伙子，于是就问他的姓名。

“您好，我是一个十分想上进的人，我要向您讨教一下，您是如何成为亿万富翁的？”年轻人表明了来意。

“我们进屋谈吧。”洛克菲勒把这位小伙子请进了屋。年轻人进屋一看，屋子富丽堂皇、金碧辉煌，他从来就没有见过装修得这么漂亮的房子。

这时，洛克菲勒对这位小伙子说：“今天家里的佣人都放假了，我要招呼你的话，也不知道相关的东西放在什么地方。现在我只找到一个西瓜，就用它来招待你吧！”于是他把西瓜切成了大小不等的3块，对小伙子说：“如果这3块西瓜代表你以后可能得到的不同利益，你如何选择？”

“当然选最大的一块喽。”年轻人瞬间做出选择，拿起最大的一块吃了起来。洛克菲勒微笑着选择了其中最小的一块，也吃了起来。就在年轻人还在吃着那块最大的西瓜时，洛克菲勒已经吃完了那块最小的西瓜，随手又拿起了另外的一块，冲着小伙子哈哈大笑，之后又把第二块西瓜也吃完了。

看到年轻人一副若有所思的表情，洛克菲勒就跟他讲起了自己成长与致富的经历。最后，洛克菲勒总结说：“我的成功之道就是，先要学会放弃眼前的一些利益，这样才能获取长远的大利。”

年轻人恍然大悟，这3块西瓜里，虽然自己拿的那块最大，但是洛克菲勒吃的2小块加起来，可比他吃的那1块大多了。同样的道理，财富是需要日积月累的，与其终日幻想着一下子发大财，倒不如每天务实地积累财富。

在市场经济环境下，很多人都可以量化自己的梦想，比如“年薪10万”“年挣百万”“成为千万富翁、亿万富翁”等。量化梦想无可厚非，但切忌好高骛远。财富永远离不开进取精神和日积月累，即使是“一夜暴富”的查哈尔，也经历了漫长的摸索过程。

查哈尔出生在印度唐塔兰小镇的一个锡克教家族，在他4岁时随全家移民到了美国。查哈尔身上流淌着浓浓的移民基因，时刻充满危机感，所以查

哈尔要苦苦寻求自己的“美国梦”。查哈尔从小就想着休学去创业，但是家人却强烈反对，并经常训斥他“不学无术”。

16岁时，查哈尔为了掩人耳目，就利用卧室中的电脑偷偷创立了人生中的第一家公司——互联网广告公司ClickAgents，专门为一些知名网站做广告。就这样，他白天上课，晚上“上班”，经过无数个通宵鏖战，终于获得了回报，陆续收获了几笔广告费，合计10万美元。

一天，查哈尔拿出10万美元，想说服父亲同意自己退学创业。然而，他的父亲却猛地将手按住了胸口，就像心脏病发作了一样。“这，这是什么？你，你哪里弄来这么多钱？”他转身面对厨房，冲着查哈尔的母亲大声叫道：“你儿子要坐牢了！”

“我没有做坏事，这些钱都是我挣来的辛苦钱。”查哈尔将父亲带到卧室，打开电脑向家人展示了自己的公司和网站。

得到父母的应允后，查哈尔从中学退学了。但对于其锡克族家族而言，还有远比退学更离经叛道的举动——查哈尔解下了跟随自己10多年的缠头巾，剪掉留了17年的长发，因为他要“自己掌握自己的外形”。查哈尔“大逆不道”的行为在家中激起了轩然大波，笃信家族训诫的父亲用铺天盖地的怒骂淹没了他：“你让我太失望了！我会记住这一天的！这是我一生中最失望的一天！”

退学后，查哈尔继续经营着ClickAgents公司，他用了两年时间将公司员工数目扩充到34人。为了获得更多的发展资金，查哈尔决定卖掉公司。在2000年，查哈尔将自己的网络广告公司以2200万美元的价格卖给了网络广告公司ValueClick。

经过3年的筹划，查哈尔又创办了网络广告公司BlueLithium（又称蓝锂）。在第二家公司里，查哈尔改变了打广告的做法，第一家公司基本是按

照客户需求做广告，第二家公司则推出行为广告，主要通过跟踪消费者的网络行为，对网民的访问习惯进行跟踪分析，然后为广告客户提供更具针对性的广告。例如他们公司发现有网民不断搜索啤酒，就向其推送优质啤酒广告，最终促进网民的高效成交。

同样是做广告，但是就因为这一改变，让查哈尔的蓝锂公司获得了飞跃性的发展。3年半后，蓝锂就发展成为拥有1000个网站及1200名员工的网络公司。2007年10月15日，查哈尔以3亿美元的价格将蓝锂公司卖给了美国雅虎公司，查哈尔再度实现“一夜暴富”。

查哈尔曾经劝诫别人：不必一夜暴富。“穷小子出身的他说，金钱没有改变他。金钱确实能让生活更舒服，但他还是脚踏实地地生活，还是和自己的家人和好朋友一起生活。“我依然乘坐经济舱，也没有过那种穷极奢侈的生活。”查哈尔说，“生活的改变是，我很慷慨，因为我认为慈善事业是我生命中很重要的一部分。”

对于这位史上最年轻的亿万富翁，人们大多看到的是他白手起家、一夜暴富的光鲜表象，却没有看到他在灰暗卧室里长年连夜加班的辛苦；人们只看到他卖掉公司收获大笔财富的成功瞬间，却没有看到他长达9年的不懈奋斗与奋斗、屡次身陷令人头痛的商业官司时所遭受的强烈挫败感。

再渺小的人只要有梦想就有可能成功，寻梦的美国年轻人、印度年轻人查哈尔，都是因为有了梦想，才走向了奋斗又充实的人生。正如“黎巴嫩文坛骄子”纪伯伦所言：“我宁可做人类中有梦想和有完成梦想的愿望的、最渺小的人，而不愿做一个最伟大的、无梦想、无愿望的人。”

5. 坚持梦想：不、决不、永不放弃

不放弃！决不放弃！永不放弃！

——丘吉尔

在日本北海道的一处温泉景区内，暖泉涌波、雾气氤氲，宛如人间仙境。有一位中国游客半卧在绿树掩映的泉池中，他一边欣赏着周围美景，一边颇为感慨地自言自语："要是能把这个温泉搬回重庆，该多好啊！"这位中国游客就是重庆金谷集团董事长杨长林。

杨长林被这里温泉的优雅环境和高水平的服务深深感染，这时他突然想起，有专家曾告诉他，重庆是地热资源的富集地，许多地方都可以钻出温泉。于是，当时已在房产和酒店业颇有建树的杨长林暗暗萌发了在重庆开发温泉度假区的念头。

半年后，杨长林就到重庆西北部的铜梁区用500万元收购了一处温泉——古西温泉。没想到，等自己花了巨额投资后，才发现附近有一家污染严重的造纸厂，这家造纸厂可能对地下水已经造成污染。

就在大家恐慌万状的时候，杨长林决定继续推进项目，等挖出温泉再进行相关的水质检测。很快，接受任务的地质勘探公司风风火火开进了古西温泉，开始挖新的温泉。可是，井打了几千米却没出水！为了支付打井的各项费用，杨长林又花了400多万元。打温泉井与打一般的饮用井不同，不仅要出水，而且要出富有矿物质的温水，其成功率只有60%。

“这个地方不行，那就再找别的地方开挖。”杨长林马上了又拿出400万元，让勘探公司再找了另一处地方打井。哪知道，最后还是没“挖”出温泉来。

这时，公司里反对搞温泉的声浪越来越高了，员工们私下里嘀咕着：“老板是不是在日本泡温泉泡傻了？公司的生意做得好好的，偏要拿这么多钱来学老鼠打洞！”

杨长林对于这些非议不予理会，他还是到处筹钱，想再打第三次井。

2001年初，杨长林准备召开“挖井”工作总结会，这时一位著名的地质专家不请自到，他拿着一张地质结构图，找到了杨长林。

“听说您四处在打温泉井，可您知道吗？就在你的脚底下，就有形成于2.3亿年前的三叠纪嘉陵江组岩层，具有数万年矿化龄的天然温泉。在这里打井，我有九成的把握挖出温泉。”专家说道。

“真的？！”杨长林激动万分。

1个月之后，杨长林力排众议开始第三次打温泉井。然而，温泉井打了3个多月，仍未发现明显的水热反应。“难道专家分析有误，注定这次又失败了？”杨长林心事重重。

“别搞了，放弃了吧！”有员工绝望地呼告。

“不能放弃，再挖5天！”杨长林下了最后命令。

第一天挖井，依然没有奇迹发生，挖上来的都是些烂泥浆。整个公司愁云惨淡。

第二天挖井，跟第一天一样波澜不惊，只是挖上来的烂泥更多。杨长林

感到悲伤无助，但面上却不动声色，生怕影响大家的情绪。

在“失败倒计时”的第三天，在钻机设备到达3060米“极限钻深”的最后关头，有一股浓烈的硫磺气味从钻孔中弥漫而出，随后一股温热的泉水喷涌而出，那些水珠像天女散花一样洒落下来。

“啊，出水了！”当温泉水从钻孔中喷出时，工人们沸腾了。这时候的杨长林激动得流下了眼泪，他一个人悄悄回到办公室，在自己的日记本上写下几个字：“终于赢了！”

后来，杨长林给这个经过千辛万苦才挖出来的温泉取名为“天赐温泉”。用他的话说，这里能打出温泉是上天赐予的，人的健康也是上天赐予的。随后，来该温泉的游客越来越多，杨长林终于打了一记漂亮的翻身仗。

梦想与现实往往隔着万里长城，前路漫漫，要想将现实转化为梦想，绝非一朝一夕之事。若不想前功尽弃，唯有坚持梦想、永不放弃，才有美梦成真的可能。杨长林从房地产转型做温泉度假区，吃尽了苦头，交了大笔的“学费”，但是他依然坚持自己的“温泉梦”，经过多次艰难挖掘，最终找到温泉了。

英国内阁教育大臣戴维·布伦克特，也是因为坚持梦想、永不放弃而获得成功的。

有个叫布罗迪的英国老师，在整理阁楼上的旧物时，发现了一沓作文本，里面是皮特金幼儿园B（2）班31位孩子的春季作文，题目叫：未来我是……

31个孩子都在作文中描绘了自己的未来。布罗迪老师本以为这些东西早就丢失了，没想到，它们竟安然地躺在自己家里，并且一躺就是50年。他随手翻了几本，很快便被孩子们千奇百怪的自我设计给迷住了。其中有一个孩子书写的梦想让他印象极为深刻。那个孩子名叫戴维，虽然他是个盲童，但他的未来梦想却是要做英国的内阁大臣，而据他所知，英国至今还没有一个

盲人进入内阁。

布罗迪老师读着这些作文，突然有一股冲动，要把这些作文本重新分发到学生的手中，让他们看看现在的自己是否实现了50年前的梦想。当地一家报纸得知他的这一想法后，为他刊登了一则“失物招领启事”。

没几天，书信陆续向布罗迪老师寄来。其中有商人、学者及政府官员，更多的是没有显赫身份的普通人。他们都表示，很想知道自己儿时的梦想，并且很想得到那本作文本。布罗迪老师就按地址一一给他们回寄。

一年后，除了戴维那本作文本没有寄出外，其他30本作文本都寄回去了。布罗迪老师心想：或许这个人已经过世了，毕竟过了50年了，什么事都有可能发生。

就在布罗迪老师准备把这本作文本送给一家私人收藏馆时，他却意外收到了英国内阁教育大臣布伦克特的一封信。信中说：

“那个名叫戴维的人就是我，感谢您还为我保存着儿时的作文本，那里面写着我的梦想。不过我已不需要那本子了，因为从那时起，那个梦想就一直在我脑子里，从未放弃过。50年过去了，我已经实现了那个梦想。今天，我想通过这封信告诉其他30位同学：只要不让年轻时美丽的梦想随岁月飘逝，成功总有一天会出现在你眼前。”

后来，布伦克特的这封信被发表在英国《太阳报》上，激励着无数年轻人为梦想而奋斗。

英国政治家丘吉尔对于梦想的坚守，就是“不放弃！决不放弃！永不放弃！”“梦想”绝不是一个虚无缥缈、不切实际的词，只要心中有梦想，并持之以恒，就能梦想成真。杨长林坚持自己的温泉梦，虽然耗费了大量的时间和金钱，依然不放弃挖掘，最终获得“天赐温泉”。盲童戴维，坚持梦想50年，为之奋斗50年，最终成为英国首位盲人内阁大臣。

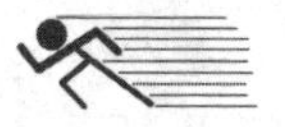

6. 时刻准备着，胜利之神才会“跳”出来助你圆梦

理想是指路明灯。没有理想，就没有坚定的方向；没有方向，就没有生活。

——列夫·托尔斯泰

斯大林格勒战役正在激烈进行中，一时间枪林弹雨、炮声轰鸣。在一片废墟中，悄然现出一个黑洞洞的枪口，瞄准镜已锁定一个狂妄的纳粹军官。“啪”的一声响彻云霄，一颗正义的子弹高速旋转离膛，穿越战场上的重重障碍物，直接击碎了纳粹军官的脑袋，该纳粹军官应声而倒，德军混乱一团……

这是《兵临城下》电影中俄国狙击手瓦西里以神枪灭敌的场景，这让13岁的苗建军看后激动不已，渴望着有朝一日能去当兵，并且要当一名狙击手，保家卫国。为此，苗建军开始着手准备，他积极锻炼身体，等待新一轮征兵的到来。

17岁那年，镇里的干部来村里征兵。苗建军发现自己的梦想正在向自己招手，就兴高采烈地前去应征入伍。

很快，苗建军克服了重重困难，通过了3个月的新兵操练并成为“训练尖子”。虽然只能训练手枪，没能摸到狙击步枪，但是苗建军不急不躁，努力训练，提升各项素质，为成为狙击手时刻准备着。

在当兵的第12个月，为了迎接总部考核，部队需要挑出10名战士开展专业的狙击步枪射击训练，苗建军因为是“训练尖子”，所以被选入列。2013年3月苗建军又参加了特战骨干集训，从此，他开始了由一名武警战士向一名“专业狙击手”的转型。

“特战骨干集训”的训练强度极高，堪称“魔鬼训练”。有一次，苗建军左臂挂了四把枪进行全副武装10公里奔袭越野，结果导致手部脱臼。

“别训练了，回医院处理吧。”有战友劝他不要这么拼命了。

“为了狙击手这个梦想，我等了10多年，就算胳膊废了我也要练！”苗建军知道这次集训是全程淘汰，谁跟不上节奏，谁就要收拾背包打道回府。

为了梦想，苗建军豁出去了。白天，苗建军拿纱布将脱臼部位紧紧捆住，该训练的科目一个也不落下；晚上夜深人静，他就偷偷给伤处涂抹药水。

经过2个月集训，苗建军凭借顽强的奋斗精神，顺利通过体能训练、理论答辩和技术上的考验。

2013年8月，真正的对抗开始了，苗建军知道自己成为“超级狙击手”的机会终于来了！那天，他先完成全副武装5公里越野考核，然后进行精度射击、记忆射击、四种姿势射击、抢占阵地射击、人体部位靶射击。在五个科目竞赛中，苗建军一气呵成，18发子弹，颗颗命中、弹无虚发……

来自山里的孩子苗建军，是如何完成从普通青年到合格武警战士再到优秀狙击手的跨越的呢？

为圆心中期盼已久的“狙击手之梦”，他刻苦锻炼身体、努力完成训

练，时刻为成为一名狙击手而不懈努力，当机会来临时牢牢抓住，最终如愿圆梦。

机会往往青睐那些有准备的人，人们只有时刻准备着、一步一个脚印地接近梦想，胜利之神才会“跳”出来助你圆梦。波兰女清洁工亚历山德拉变身职业模特，上演了“现实版灰姑娘”的故事，也是坚定梦想、孜孜以求的结果。

2013年，26岁的亚历山德拉毕业于波兰一所职业大学，虽然她取得了教育学硕士文凭，但她并不想做教师，而是想做模特。她梦想着有朝一日，能在舞台上尽情展现自己的美丽。

不过，“模特梦”也不是那么好做的。她先后跑了多家模特公司，并展示了自己的艺术照，可是没有一家模特公司愿意接收她，因为她没有模特演出经验和相关知识。

多次碰壁后，亚历山德拉的生活陷入了困境，连生存都成问题。迫于严峻的就业形势，她只能放下身段，来到当地的一家劳务公司，想找一份能包吃住的家教工作。

一天，亚历山德拉来到劳务公司了解最新的工作机会，这时有一个男人急匆匆走进来说要找一个马上能上岗的清洁工。亚历山德拉知道这个男人叫夏洛特，他在一家模特公司里为模特设计服装。亚历山德拉正愁着没米下锅，于是就说自己愿意做清洁工。

该男子听后欣喜若狂，可是劳务公司的工作人员劝她不要去，因为做清洁工一周的工资只有250英镑，与当家教相比，不仅工资低，而且很辛苦。这时，亚历山德拉已是计上心头，决定从模特公司的清洁工做起。

每天在模特公司做完卫生，亚历山德拉就在房间里偷偷练习走步。如果遇到模特公司负责人以及一些名模来访，她就悄悄留在客厅里，仔细倾听夏

洛特和他们的谈话，慢慢地她了解和掌握了很多自己以前所不知道的关于走T台和做模特的相关知识。

就这样，亚历山德拉努力学习着、训练着、时刻准备着，就等一次表现的机会了。

不知不觉，1年过去了，有一次，一位名模因为薪酬问题和服装展销会主办方发生矛盾，最后该名模单方面毁约，不愿参加第二天的时装发布会。这时亚历山德拉就果断毛遂自荐起来，夏洛特一开始百般不情愿，觉得让一位清洁工去替代名模演出着实荒唐，可是时间紧急，已经没有其他更好的选择了。

稍作换装打扮之后，亚历山德拉穿着夏洛特设计的服装，迈着标准的猫步走出来，出众的仪表、短短的金发令夏洛特眼前一亮。

第二天，夏洛特兴奋地把亚历山德拉推荐给了主办方，当亚历山德拉最后作为压轴出场的时候，全场所有的人都被她的魅力所折服。大家纷纷谈论这个面容姣好、身材高挑的金发模特是从哪里被发掘的。发布会后，人们才得知她原来是模特公司的一名清洁工，对她更是赞不绝口。

从那以后，亚历山德拉专门从事发型杂志和广告方面的拍摄，单次出场费高达2000英镑，是自己做清洁工时所领周薪的10倍。

俄国文学家、思想家托尔斯泰将理想视为指路明灯，坦陈没有理想，就没有方向，也没有生活。苗建军从小怀着成为专业狙击手的梦想，并时刻为之准备，最终圆梦；清洁工亚历山德拉为了成为模特，利用工作之余苦学相关本领，最终实现清洁工到职业模特的完美蜕变。

7．“此路不通”，挡不住追梦的脚步

在荆棘道路上，惟有信念和忍耐才能开辟出康庄大道。

——松下幸之助

她的名字叫李翠利，一个普通的农家女。2005年，她在父亲的资助下开了一家农家超市，作为村里第一家超市，很快就吸引了村民们前来消费。

可是渐渐地，李翠利发现物质生活富裕了的乡亲们，精神生活的节奏却明显跟不上物质生活发展的步伐，莫名的责任感让她想要改变这种现状。

于是，李翠利萌生出一个念头，让乡亲们免费读书。经过反复的思量，她自筹资金购买图书，在自家的超市里腾出地方创办了一间免费书屋——微光书苑。

然而，李翠利的付出并没有换来大家的理解。来超市买东西的人们只是好奇地往书屋的那个方向看几眼，询问是不是真的免费，得到肯定的答复之后，不仅没有借书，反问李翠利图个什么？渐渐地，流言蜚语越来越多，有人说她弄个免费书屋是为了招揽顾客，书免费了，说不定超市的物价就要涨了；还有的人说，把书屋建在超市里，一静一闹简直是无稽之谈，甚至连外村的人都来李翠利的小超市看个究竟。无论李翠利怎样解释，就是没人借书。大家对免费书屋的否定和不理解，仿佛在李翠利的面前竖了一个牌子：“此路不通”。

有一天，当李翠利看到几个来超市买东西的孩子时，她灵机一动，对这几个孩子说，只要签个名就可以把书拿回家慢慢看，看完了拿回来就行。很快，别的孩子也来借书。后来孩子们都排着队来借书，这不仅调动了孩子们的读书热情，也使原本持观望态度的乡亲们对免费书屋有了新的认识，借书的人渐渐多了。李翠利希望更多的人加入进来，每次超市里来了没有读书习惯的村民，李翠利边招呼边做思想工作，引导他们借阅。

不限定开放时间，不需要任何证件，没有条条框框的约束，越来越多的村民走进书屋借阅。李翠利还准备了一个留言簿，大家可以把对免费书屋的意见和建议写下来，让书屋更好地为大家服务。

微光书苑给乡亲们带去了新的乐趣，大家有时间聚在一起就聊聊自己在书里看到的故事，打麻将的人也少了。有的家庭主妇受到书里的启发，做起了小生意，取得了经济效益，也给其他人做了榜样。

正当李翠利庆幸有越来越多的乡亲们走进书屋借阅时，新的问题也随之而来。她发现留言簿上很多村民留言说，他们想看的书在书屋里找不到。李翠利犯难了，现有的书籍已不能满足大家日益高涨的借阅需求，没有新鲜血液注入的“微光书苑”很快就会失去现有的生命力，而自己的经济能力又有限，无法长时间的持续投入。

于是，李翠利走上了街头募捐的道路。第一次募捐是在县城最繁华的超市门前，为了能够让大家更好地了解、支持“微光书苑”，她特意做了张“微光书苑”的简介喷绘挂在三轮车上。看到来来往往的人没什么反应，

李翠利索性把喷绘扯下用双手举在胸前。这样果然奏效，不一会就围了一圈人，有拿手机拍照的，有问长问短的，可就是没有人说要捐书，不一会儿，有个商贩以占了他的地盘为由把李翠利赶走了。第一次募捐以失败告终，李翠利又一次面临“此路不通”。回到家的李翠利十分沮丧，募捐没有达到她预期的效果，无法解决免费书屋面临的问题。

不得已，李翠利在父亲的建议下，开始向一些单位寻求帮助。县城里的大小单位李翠利都跑遍了。有的听了关于微光书苑的介绍很感动，将不用的旧书旧报纸打包让她带走，有的却表示爱莫能助。李翠利和她蹒跚学步的微光书苑，就这样一次次面临“此路不通”，一次次换个方向，另寻他路，然而却从不放弃。

“此路不通”没有挡住李翠利追梦的脚步。当越来越多的人开始理解她和微光书苑，当越来越多的人支持微光书苑，李翠利终于圆了她的读书梦。追寻梦想的道路上，往往布满荆棘，然而只要有一丝希望，就值得勇往直前。唯有这样，才能像德国著名物理学家、量子力学的创始人马克斯·普朗克那样开创一个新的时代。

马克斯·普朗克在读中学时，酷爱音乐，能演奏钢琴、管风琴和大提琴，人人都说他很可能成为乐坛新星。然而，1874年16岁的普朗克进入慕尼黑大学时却没有选择音乐专业，而是选择了物理学专业。当时，慕尼黑的物理学教授菲利普·冯·约利曾劝说普朗克不要学习物理，他认为“物理这门科学中的一切都已经被研究了，只有一些不重要的空白需要被填补”。

物理学已经被研究得十分透彻了，要想再掀起新的物理学革命是不可能的，这是当时许多物理学家所坚持的观点。尽管如此，老师泼来的冷水并不能浇灭马克斯·普朗克研究物理学的热情，他说：“我并不期望发现新大陆，只希望理解已经存在的物理学基础，或许能将其加深。”

随后，马克斯·普朗克开始了漫长而艰苦的研究工作。马克斯·普朗克发现实验物理学无法突破，就转而研究理论物理学。1877年，马克斯·普朗克转学到柏林。在柏林，他虚心聆听了很多著名物理学家及数学家的教诲。

要知道，理论物理学要比实验物理学单调乏味得多，有些老师上课前从来不好好准备，讲课时喜欢“自由发挥”，经常出现计算错误，让听课的学生觉得很无聊。很多学生都听不下去，纷纷退课，甚至退学。可是马克斯·普朗克却迎难而上，坚持听课学习。后来，马克斯·普朗克还拿来德国物理学家、数学家、热力学的主要奠基人之一——鲁道夫·克劳修斯的讲义，进行自学。

通过刻苦的学习和缜密的研究，马克斯·普朗克终于发现了能量量子化，该项研究发现为物理学的又一次飞跃做出了重要贡献，1918年，马克斯·普朗克荣获了诺贝尔物理学奖。

马克斯·普朗克放弃个人爱好投身到单调乏味的理论物理学研究，尽管面临老师的劝阻、同学纷纷打退堂鼓，但是马克斯·普朗克通过刻苦钻研、顽强奋斗，最终开创了物理学的量子时代。这正如日本“经营之神”松下幸之助说的那样：“在荆棘道路上，惟有信念和忍耐才能开辟出康庄大道。”

第五章

时不我待，规划好奋斗的时刻表

美国作家爱默生坦陈：“如果要欣赏花的美丽，必须先加强根的牢固。”人们要想未来过得舒坦一些，享受花的美丽，就要在现在加强根的护理，用务实的行动来夯实未来的收获。

1. 拳怕少壮，要创业趁年轻

青春的光辉，理想的钥匙，生命的意义，乃至人类的生存、发展……全包含在这两个字之中……奋斗！

——马克思

离职那天，夏冰感到十分轻松。抬头仰望蓝天，那里仿佛有一只雄鹰在盘旋，夏冰知道，那是创业的梦想在召唤他——来吧年轻人，创业吧！很快，夏冰收回目光，深吸一口气，坚定地走向自己创办的一家很小的物流公司。

夏冰是一个80后的年轻人，2003年毕业于浙江某学院电子商务专业。由于过硬的专业素质，在别的同学到处找工作的时候，他已经进入了宁波一家电商公司做策划。多年来，夏冰一直想要创业，哪怕家人再三反对，他也要到社会上闯一闯。

要创业得选个好项目，到底做什么好呢？毕业后的几年时间里，夏冰一边工作，一边寻找创业项目。在工作上，夏冰希望用工作业绩来证明自己

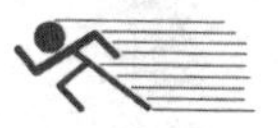

的实力。然而事与愿违，公司里很多老员工根本不愿配合他的工作，不仅如此，他们还想出各种办法来打压他。慢慢地，夏冰发现公司里所谓的成功根本不是靠什么业绩，而是靠关系、靠利益交换得来的。

有一次，夏冰做好了一份电商网站推广方案，里面运用的推广技术都是最新、最实效的方法，可是主管却把他找去劈头盖脸地大骂一通，全盘否定他的方案，叫夏冰“哪里凉快哪里待着去”。可没过多久，这个主管又厚颜无耻地把夏冰写好的方案拿出来改头换面，拿上去交差，还得到领导的表扬。

年轻气盛的夏冰最看不惯的就是这些整天在公司里溜须拍马的小人，也恨领导有眼无珠整天被那些没有真本事的人糊弄来糊弄去。于是，夏冰果断辞职了。这个决定遭到家人的强烈反对，公司领导也颇为不解，但夏冰还是义无反顾地回到老家金华。

一次高中同学聚会上，夏冰的老同学介绍他到当地的一家物流公司上班，不过每月工资只有500元。这时，时刻准备创业的夏冰发现了自己梦寐以求的创业项目，那就是做物流公司。金华地处浙江省的第四个大都市区，经济发展后劲十足，各种商贸活动频繁，因此市场上对于物流的需求越来越强烈。

经过几个月的筹备和酝酿，2006年6月，25岁的夏冰创办了自己的物流公司。

创业初期，资金不如人、人才不如人、规模不如人，但是夏冰还是坚持一点点做。同时，夏冰还经常请教同行和前辈，寻找帮助和合作机会。没有资金，夏冰就四处筹钱；没有人才，夏冰就争取司机加盟谋求双赢；规模不如人，夏冰就到处派发名片、打墙体广告，进行差异经营，开辟一些特殊的运输路线。

经过2年的卧薪尝胆，夏冰的公司经营开始步入正轨，他开辟的东南亚国际物流运输路线，在金华、义乌、永康、武义等地站稳了脚跟。夏冰说：“创业要趁早，即使犯错了还有调整的机会。这么多年来，如果没有年轻人

的拼劲，我是很难坚持到现在。”

拳怕少壮，要创业趁年轻。在创业路上，年轻人往往敢拼敢闯，不按套路出拳，打起来让竞争对手防不胜防。如果年长了再创业，往往会由于想得太多、想得太复杂，最终让“创业”停滞在构思阶段。夏冰从电商公司上班，到自办物流公司，家人无法左右他的想法，其他同行也无法知道其下一步的行动，所以他获得了成功。

全球最大社交网站Facebook的创始人马克·扎克伯格，是一位互联网创业的传奇人物，他的创业也是从年轻开始的。

扎克伯格原本在哈佛大学读书，有一天马克·扎克伯格突发奇想：是不是可以在网上做一个不同于传统纸质的“花名册”，以便让新来的学生和教职员工能更好地认识学校的其他成员。

就这样，扎克伯格辍学，创办了Facebook，这是一个联系朋友的社交工具，大家可以通过它和朋友、同事、同学以及周围的人保持互动交流，分享无限上传的图片，发布链接和视频等更多内容。最初，网站的注册仅限于哈佛学院的学生。很快，该网站就扩展到美国主要的大学校园，包括加拿大在内的整个北美地区的年轻人都对这个网站饶有兴趣。短短数年，这一网站迅速风靡全世界，如今，它已成为世界上最重要的社交网站之一。

在扎克伯格25岁时他已创办Facebook网站5年了。2009年，Facebook网站第一次实现盈利且用户达3亿。扎克伯格非常激动地说：“我们想要用互联网连接起每一个人，这仅仅是个开始。”当时，Facebook这家社交网络公司的估值为100亿美元，而扎克伯格持股24%，他也因此成为亿万富翁。

伟大的无产阶级革命导师马克思告诉我们：“青春的光辉，理想的钥匙，生命的意义，乃至人类的生存、发展……全包含在这两个字之中……奋斗！”要创业趁年轻，挥洒青春去奋斗，才能获得意想不到的成就，夏冰是这样，扎克伯格也亦然。

2. 现在怎么做，决定了你的将来怎么过

如果要欣赏花的美丽，必须先加强根的牢固。

——爱默生

“这里不合格，要重新打扫一遍！”颐指气使的中年人不耐烦地指着地面，对站在一旁的一名身材瘦削、戴着眼镜的年轻人说道。

“好的，我马上打扫！”年轻人没有一点脾气，拿起拖把马上又认真地拖起来。这个年轻人就是大学生李海鹏，他利用课余时间出来找兼职，在临沂一家家政公司登记资料后，就被派到了一个有钱人家去打扫卫生。那人要求非常严，一而再、再而三地要求返工。李海鹏从早上9点一直干到晚上8点，一点点地擦，一点点地清洗，一整天下来累得腰酸背痛。然而更令李海鹏意想不到的是，对方本来说好给50元钱，最终却以“擦得不干净”为由仅给了30元钱。

1981年，李海鹏出生于东营市的农村，父母都是农民，要想改变自己的命运，只能靠读书这条路。2000年李海鹏考入临沂师范学院历史系，由于家

庭困难，上大学的学杂费、生活费都是父母东拼西凑借出来的。为了减轻家里的负担，李海鹏在校期间一边学习，一边利用课余时间出去做兼职，努力挣钱。打工的日子让他尝尽了苦头，不过也积累了不少经验。

在读大学期间，李海鹏利用寒暑假到北京、上海、深圳等地的企业锻炼，这大大开阔了他的眼界。2004年大学毕业时，李海鹏既没有像其他大学生一样选择到公司上班，也没有选择考研或者是考公务员，而是选择了自主创业。他利用积蓄的资金，在临沂开了一家火锅店，主营火锅、烧烤和特色菜。2006年酒店还被评为“临沂市十大火锅名店”。随后他又逐渐涉足文化、投资、建筑装修等行业，逐步完成了资本积累。

2009年，李海鹏在菏泽创办了占地200多亩的山东皓宇服装有限公司。2010年，他又将企业总部搬到了济南。后来，他将企业改制成了控股集团，旗下有十几家企业，核心业务以投资担保为主，总资产达到七八个亿，年销售收入十多亿元，年仅30岁的李海鹏就担任了董事长。

李海鹏说：“在校期间要好好学习，勤于参加社会实践，毕业后创业首先要有规划。”

现在怎么做，决定了你的将来怎么过。李海鹏在大学期间一边读书，一边做兼职，比其他同学先接触社会，既积累了经验，又准备了创业资金，所以毕业后就可以更加顺畅地启动创业项目。

同样，孙伟志也是通过稳扎稳打的积累、循序渐进地规划，才成就一番事业的。

孙伟志在14岁的时候，父亲因交通事故去世，家里没了顶梁柱，生活境况急转直下。无奈之下，孙伟志只得从学校退学，跟着母亲来到黑龙江鹤岗打工。

孙伟志只有小学文化水平，干不了什么高级的工作，只能去一家餐厅做

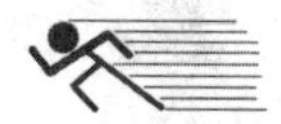

起了传菜的服务员。有个厨师看见孙伟志积极肯干、人又比较机灵，于是就收他做学徒在餐厅里边工作边学厨艺。这是难得的学习机会，孙伟志心知不能错过。于是，孙伟志跟着师傅努力学习厨艺，从食材采购、配料调制、火候控制，到色香味处理，他将每一道工序都看在眼里、记在心中。

三年后，师傅与餐厅经理因一些嫌隙闹得不愉快，他干脆跳槽到其他饭店去了。师傅想带孙伟志过去继续做学徒，但这个时候孙伟志有了自己的想法。因此，在给师傅饯行时，他诚恳地感谢了师傅的培养之恩，但委婉拒绝了师傅的好意。

不久，17岁的孙伟志自己开了一家小吃店，起名为“满口香”。刚开始创业时，压力特别大。租金、人工、食材等各个方面都在不断涨价。为了生意，孙伟志每天起早贪黑地忙碌着，以超长的服务时间、丰富的产品线获得生存机会。小吃店从早上的早餐、中午快餐、晚上小炒到午夜夜宵、24小时外卖，什么都做。几年过去了，孙伟志在餐饮界立足了脚跟，还把附近几家铺子给盘了下来，不断扩大店面。

10年过后，孙伟志又将小吃店附近的写字楼租了，重新装潢一番，创办了一家以经营特色鱼类为主的大酒店，还请了自己原来的师傅来做酒店的主厨。他的师傅激动地说：“如果伟志当初跟我去打工了，可能没有今天这样的成就，很多东西都是靠自己奋斗得来的，如果一味靠着别人吃饭永远成不了胖子。”

美国作家爱默生坦陈：“如果要欣赏花的美丽，必须先加强根的牢固。”人们要想未来过得舒坦一些，享受花的美丽，就要在现在加强根的护理，用务实的行动来夯实未来的收获。李海鹏毕业后就创业，那是因为他利用好了大学4年的时光，全面培养了自己的实践能力，并完成了创业资本的积累。同样，孙伟志的成功创业，也是源于他在餐厅工作时的各方面积累。

3. 不要轻易打发你的碎片化时间

时间是世界上一切成就的土壤。时间给空想者痛苦，给创造者幸福。

——麦金西

上课的时候，跟着老师说英语；上下班的路上，听着MP3看着手机视频说英语；看美剧的时候，跟着演员说英语；周末的时候找老外说英语……叶妍利用自己的碎片化时间苦学英语几年，最后顺利通过了托福考试。

托福是由美国教育测验服务社（ETS）举办的英语能力考试，要想到美国留学，就必须通过相关的英语能力考试。对于叶妍这样的差生来说，托福无疑是座高不可攀的大山。

叶妍第一次参加托福考试，因备考时间有限，所以她买了很多“快速备考”“考前突击”类型的速成类学习书，胡乱背了一些答题套路，结果考得一塌糊涂。这次考试的失利，让叶妍深深体会到，学外语必须扎扎实实地积累，不能寄希望于“临时抱佛脚”。

由于叶妍的工作比较忙，白天能够利用的时间有限，因此，她晚上一下班就去上英语培训班，平时就利用碎片化时间复习，努力给自己营造一个“说英语的母语环境”。培训班老师提及某些单词会考，她就会利用周末的时间将这些单词背诵下来；平时她也会将几本“口袋本”词汇书放在手提包

里，没事的时候就拿出来念一念、背一背。为了做听力练习，叶妍每天在上下班路上听MP3、打开手机视频学英语。为了提高英语输入速度，叶妍每天下班后都要练习英语打字，每天都坚持打几篇文章。为了提高口语水平，叶妍在睡觉之前会对着镜子练口语，模拟各种各样的问题并自问自答。

就这样，叶妍利用碎片化时间，一点一滴地夯实了自己的英语基础。经过两年的努力，叶妍终于通过了托福考试，为赴美留学奠定了基础。

时间是宝贵的，所以请不要轻易打发你的碎片化时间，要抓住任何一点时间提高自己，这样你的人生将会更加丰富、更加充实。

上汽集团高级经理陈继业特别重视利用碎片化的时间做80后、90后的营销。

为了推销刚刚上市的战略车型MGGT，陈继业在制定营销策略时，将目光投向当下的80后和90后的年轻人。这些年轻人通常手机不离手，时间被分割得很散、很碎片化，所以这些年轻人不用像传统的试车那样抽出专门的时间到4S店去体验。于是，上汽集团推出了相应的手机应用，让年轻消费者可以通过手机随时订车，接着司机就送车上门，让消费者能够在任何地点进行体验。比如，下班的时候，有的年轻人要从写字楼到与朋友聚餐的饭店，于是用车体验就可以带你完成这段路程。消费者既可以试乘，也可以试驾。有时候，这些活动车辆还会送老人上医院，也会载着年轻的情侣去领结婚证。

这种利用碎片化时间进行用车体验的推销方式受到越来越多年轻人的欢迎。很快，这种推销方式迅速扩大到了南京、西安、郑州、重庆、武汉、合肥、长沙、宁波、苏州、天津、杭州等地，覆盖上百个商圈。

后来，为了进一步扩大碎片化时间的营销效果，陈继业又利用微信进行营销。所有关注MGGT的年轻消费者都可以通过参与线上的互动游戏、线下的试乘试驾等在微信上获得积分，这些积分后续可以用于兑换免费试驾体验、参与活动、兑换礼品甚至购车，也可以转赠给需要的好友。

美国学者麦金西敏锐指出：“时间是世界上一切成就的土壤，时间给空想者痛苦，给创造者幸福。”叶妍利用碎片化时间攻克托福考试，陈继业巧妙利用年轻消费者的碎片化时间推销汽车，他们都是善于利用时间、掌控时间的奋斗者、成功者。

4. 20岁的人生定位：赢在未来

人人都有惊人的潜力，要相信你自己的力量与青春，要不断地告诉自己："万事全赖在我。"

——安德烈·纪德

2004年的春节，家家户户张灯结彩，到处洋溢着喜气。年轻人张磊在老家泾阳县城里溜达。他发现泾阳县城里电脑维修店很少，而且都不是很专业，于是他萌生了在这里开一家电脑维修店的想法。

2000年7月，22岁的张磊毕业后到西安的一家IT公司任职，工作2年多了，可是创业的想法始终萦绕在他的心头。经过春节期间的调研，更加坚定了张磊创业的想法。于是他果断辞职，回到老家泾阳县开电脑维修店。

2004年5月，张磊的店正式营业，拥有自己15平米的店面，主要是组装电脑、销售电脑周边耗材。他一个人既是员工，又是老扳，不但要给客户维修电脑，还要做售后服务，忙得不可开交。只要客户有急电，他就会骑着摩托车，去给客户排忧解难。

有位组装电脑的客户看到店老板竟是个年轻小伙子，不由有点怀疑，说："你这新开的店，人又这么年轻，技术方面能过关吗？"

"绝对没有问题，开店之前我已经玩了10年电脑，你需要什么配置？"张磊迅速打消了客人的余虑。最后，张磊以极优惠的价格，为客户做了最高的配置组合，让客户开心得合不拢嘴。

经过1年多的运营服务，张磊发现组装电脑虽然价格很便宜，但是电脑的性能不稳定，经常要返修，售后服务工作压力大。于是，张磊就在西安各大商场走了一遍，想代理一个电脑品牌。

当时可以选择的电脑品牌比较多：国外的有：IBM、苹果、戴尔、索尼、东芝、惠普、富士通；国内的有：联想、华硕、清华同方、明基、神舟、长城、方正、海尔、七喜、宏基等。通过市场调查，张磊认准了一个代理品牌——联想电脑，因为很多客户一进门就问他有无联想电脑。

做品牌代理需要交一笔数额不小的保证金，张磊手上没有这么多钱，怎么办？张磊只好向朋友借款，筹备资金。他知道要想赢在未来，就要做好品牌定位，自己要做联想电脑在泾阳县的独家代理。

自从做了电脑品牌代理之后，张磊店铺的生意越来越火。为了能及时送货上门，张磊买了一辆货车，招聘了8名员工。由于电脑的品牌效应，再加上急客户之所急的工作作风，张磊拥有了很多忠实客户。随着业务的不断拓展，张磊的电脑维修店从一间门面扩大成三间门面，同时成立了自己的电子公司，为广大企事业单位的客户提供标准化服务。

张磊说："只有在人生的坐标上找准定位，才会赢。如果打工不思进取就不会有这一切，如果仅仅做电脑组装不做品牌代理就没有这一切。"

对于年轻人而言，最好的人生定位就是努力奋斗、赢在未来。张磊从打工到创业，从电脑组装到品牌代理，从门店到公司，就是通过一个又一个定

位慢慢走过来的。美国动作巨星、前加州州长阿诺德·施瓦辛格之所以能在成功的道路上步步为营，也是因为他做好了不同阶段的人生定位。

1947年7月，施瓦辛格出生于奥地利的一个普通家庭里，当时他的身体非常瘦弱，可是他立下了伟大的志向，就是长大后要做美国总统。

为此，施瓦辛格拟定了一系列的“反推定位”：做美国总统先要做美国州长——要竞选州长必须得到雄厚的财力支持——要获得财团的支持就一定得融入财团——要融入财团就需要娶一位豪门千金——要娶一位豪门千金必须成为名人——成为名人的快速方法就是做电影明星——做电影明星前得锻练好身体。

明确了人生定位，施瓦辛格开始一步步实施他的计划。于是他开始刻苦并持之以恒地练习健美操。几年后，施瓦辛格凭借发达的肌肉和健壮的体格，成为世界健美先生。

22岁的时候，施瓦辛格千里迢迢来到了美国。为了更好地融入美国社会，他在大学里修习工商管理，并开班授课、拍摄健美录像带。1970年他开始进入美国好莱坞影视圈，通过10年的奋斗，终于获得主演的机会。1984年施瓦辛格在《终结者》电影中成功扮演了形象十分突出的大反派角色，戏路的贴切，使施瓦辛格凭反派角色走红，并因此获得土星奖最佳男主角的提名。之后施瓦辛格又接连拍摄多部动作片，逐渐成为大红大紫的电影明星。当他的电影事业如日中天时，女友的家族终于接纳了他这个来自奥地利的“黑脸庄稼人”。施瓦辛格的女友就是赫赫有名的肯尼迪总统的外甥女玛利亚·施莱沃。

2003年，年逾57岁的施瓦辛格暂退影坛，开始从政，并成功地竞选成为美国加州州长。2011年1月，卸任美国加州州长。他曾明确表示，已把目标放到了更高的职位上。但根据美国宪法规定，在外国出生的公民无权担任总

统，总统之路似乎被命运无情地堵上了。

2010年，施瓦辛格在《今夜秀》节目中亮相，当主持人杰·雷诺问到如果美国的法律改变了，他会不会竞选总统时，他回答："毫无疑问。"施瓦辛格的经历让人们记住了这样一句话：思想有多远，我们就能走多远。

人的潜力是无限的，不同的人生定位，造就不同的结果。张磊将自己的人生定位为创业者，所以他获得了与打工者截然不同的成就；施瓦辛格将自己的人生定位为做总统，所以他成为美国加州州长，距离美国总统仅有一步之遥。请谨记法国作家安德烈·纪德的话，"人人都有惊人的潜力，要相信你自己的力量与青春"。

5. 现在的奋斗，就是10年后的快乐回忆

世界上最快乐的事，莫过于为理想而奋斗。

——苏格拉底

在成都一家装潢华丽的西餐厅里，一个身形瘦削、面带微笑的年轻小伙子吃着西餐，说着一口流利的美式英语，与自己的外国朋友谈笑风生。他就是来自四川的罗宗华，英文名为彼德。

罗宗华出生于四川资阳的一个农村家庭里，12岁时，由于家境困难，罗宗华初中一年级没读完便辍学回家。因为年纪太小不能外出务工，他只好待在家里帮父母干农活。这段贫困的岁月让罗宗华暗暗发誓要摆脱困境。

头脑灵活的罗宗华并没有像父辈一样一门心思扑在农活上，他开始观察周围的农民是怎么发家致富的。不久，他就注意到编竹筐卖可以赚到钱，于是便偷偷跑出去看别人编筐学手艺。掌握了技巧之后，罗宗华开始编竹筐，隔一段时间他就把编好的竹筐拿到街上卖，然后再买竹子回来编新的竹筐。就这样，做生意的理念开始在罗宗华的脑中快速萌芽，成长起来。

有一次，罗宗华扛着竹子回家，在路上一不小心摔进山沟里，跌得头破

血流。罗宗华发现编竹筐并没能帮他摆脱生活困境，于是，他决定离开农村到城市发展。

16岁的罗宗华向邻居借了20元当路费，风尘仆仆地来到了成都。由于能吃苦耐劳，他很快就在一家小餐馆里找到了一份洗碗的工作。每天从早上7点开始洗碗，一直干到半夜12点才能休息。

1997年，他跳槽到一家小西餐馆去当厨工。这时罗宗华碰到了他人生中的贵人——玛丽。玛丽是美国人，她一连几天光顾罗宗华所在的这家西餐馆，感觉菜品味道不够正宗，为了能够长期吃到熟悉的家乡菜，心地宽厚的她便向西餐馆的老板毛遂自荐，表示可以给厨师和员工们进行免费的厨艺培训。

发现有难得的学习机会，在这里当厨工的罗宗华抢先报名，和餐馆另外两位厨师每天去玛丽家学习厨艺。罗宗华像海绵一样，拼命地吮吸着知识的甘露。

通过在玛丽家3个月的学习，罗宗华不但掌握了西餐烹饪的原理和方法，英文方面也获得了很大的进步。每次去上课，他总抱着一部厚厚的英汉词典，把菜谱上的英文字一个一个地翻译出来。他的勤奋苦学的劲头和真诚、正直、大气的品质得到了玛丽的极大赏识。玛丽很快就发现这位年轻人的发展潜力不可估量，于是表示愿意资助他进入专业院校去学习系统的西餐制作。

经过1年多的学习，罗宗华的墨西哥菜和牛排已经在业内很有名气，不少同学都向他“求菜”。毕业后，罗宗华到一家西餐馆担任厨师，不久后升任主厨。在几年的历练中，高瞻远瞩的他开始有了自己的梦想——拥有一家自己的西餐厅。做主厨虽然工资很高，但是没法实现自己的梦想。

2003年，罗宗华的第一个梦想成真了。他拿出全部积蓄，加上朋友的投

资，成立了成都彼德德州扒坊餐饮有限公司，在成都科华北路开设了第一家充满南美风情的西餐馆，命名为“彼德西餐馆”，并由玛丽担任顾问。从此彼德的事业突飞猛进，既有西餐馆连锁店又有西餐厨艺培训。罗宗华以擅长的墨西哥菜和牛排作为主打。“学习，不是百分之百的东施效颦，把自我的创意加入菜品中，突显自己的特色，才是最重要的。”正宗的味道很快吸引了不少外国顾客慕名而来。美国驻华大使雷德一家到成都旅游也指定要到罗宗华的西餐厅来享受墨西哥大餐。

奋斗，不是空洞的口号，而是一件很具体的事情。实实在在地去做能做的事，哪怕只是编筐洗碗，走好脚下的这一步，才有往更高处走的可能。人生最怕的事情就是没有奋斗的机会，现在的奋斗，就是10年后的快乐回忆。

“傻根”王宝强也是经过十几年的奋斗，才实现做明星的梦想的。

1984年王宝强出生于河北省南和县大会塔村，8岁时看了李连杰的电影《少林寺》后萌发了想要拍电影的梦想。为此，8岁的王宝强来到嵩山少林寺做了6年俗家弟子，之后来到北京闯天下，成为“北漂一族”。

“北漂”之苦，只有经历过的人才懂，王宝强刚来北京为了“混得更久”一些，他住进了地下室，在各个剧组当武行做群众演员，为了有出镜的机会，寒来暑往，王宝强就挤在北影厂大门，眼巴巴等出演武打演员的机会。没有戏拍的时候，就到工地上去打工，搬砖、运沙、抬木头，挥汗如雨，却只换来微薄的收入。当时，王宝强也曾萌生退意，但为了心中的梦想，他还是咬咬牙坚持了下来。

命运是眷顾那些心怀梦想、坚持不懈的人的。有一次，导演李扬看中了王宝强这个农村娃，很快王宝强就得到了在电影《盲井》中出镜的机会。在《盲井》拍摄时，剧组经常要在几百米深的矿井里工作，条件实在太艰苦，不少大牌演员都中途退出了剧组，而只有16岁的王宝强一直坚持到了最后。

这部电影改变了王宝强在演艺圈的生涯，让他从一个武行变成金马奖最佳新人、获得了法国第五届杜威尔电影节“最佳男主演奖”、第四十届台湾电影金马奖“最佳新人奖”以及第二届曼谷国际电影节“最佳男演员奖”。

凭借着脚踏实地、吃苦耐劳的精神，王宝强用16年的奋斗，一路过关斩将，最终圆了自己的电影演员梦。他的主要作品有：电影《人在囧途》《天下无贼》《盲井》，电视剧《我的兄弟叫顺溜》《暗算》《士兵突击》等。在个人口述自传《向前进，一个青春时代的奋斗史》中，王宝强说：“它（个人自传）是我成长过程的一个纪念，我想让它告诉每一个心存理想的人，每一个梦想皆能成真。”

古希腊著名哲学家苏格拉底说：“世界上最快乐的事，莫过于为理想而奋斗。”罗宗华、王宝强都是通过10多年的奋斗来实现梦想的。当在暗夜中奋斗时，是他们最坚忍的时候；当梦想成真时，是他们最快乐的时候。

6. 3年定目标，5年有计划，10年长规划

凡事预则立，不预则废。

——《礼记·中庸》

一年春天，残雪消融。《正大综艺》正在全国范围内海选主持人，经过几轮淘汰赛，一位女孩以其自然清新的风格、镇定大方的台风以及出众的才气逐渐脱颖而出。她就是杨澜。

由于长得不够漂亮，杨澜在第六次试镜时还只是在“考虑范围之列”。她得知此事后，就反问导演：“为什么非得找一个漂亮女主持人，是不是一出场就是给男主持人做陪衬的？其实女性也可以很有头脑，如果能够有这个机会的话，我就希望做一个聪明的主持人。”导演被她的话刺醒，也很认同她的观点：女主持人不一定要漂亮，但一定要有头脑。

进入央视做节目主持人后，杨澜制定了3年目标，就是拿下“金话筒奖”，该奖项是广播电视节目主持人的最高荣誉。1990年至1994年杨澜担任中央电视台《正大综艺》节目主持人期间，凭借出色的主持艺术，她在1994年获得了中国第一届主持人“金话筒奖”。就在人们惊叹杨澜的成就时，她又做出了5年计划：去美国留学。

26岁的杨澜辞去央视的工作，远赴美国哥伦比亚大学攻读国际传媒专业。成功镀金后，她在1999年担任了阳光文化影视公司董事局主席，并创建了第一个以历史文化为主题的卫星频道——阳光卫视。杨澜也由一个普通的传媒工作者变成了传媒名人。

在杨澜创业不久，就遇到了全球经济不景气，为了持续经营，她将自己的工资减了40%，并逐渐剥离了亏损严重的卫星电视与香港报纸出版业务。随着全球经济回暖，企事业单位广告传播需求激增，杨澜经营的公司最终挺过了艰难时期。

创办公司后，杨澜又做了10年规划，就是提高自己的国际影响力。为此，杨澜积极参与各种重大活动，充当活动形象大使，并担任一些重要职位。

2008年杨澜应邀出任北京申办奥运会的形象大使，代表中国做申奥陈述。在2010年上海世博会上，杨澜又出任形象大使。现在，杨澜还担任联合国儿童基金会首位中国形象大使、国际特殊奥林匹克全球形象大使和美国林肯中心中国顾问委员会主席、中国慈善联合会副会长。

通过这些活动，杨澜的国际影响力越来越大。2013年杨澜被福布斯评为全球最具影响力的100位女性之一。

3年定目标，5年有计划，10年长规划，杨澜就是这样成长起来的，可见成功不一定靠漂亮的长相，更重要的是靠步步为营的规划。大导演史蒂文·斯皮尔伯格同样也是通过步步为营的人生规划走向成功的。

斯皮尔伯格在17岁的时候，去一个电影制片厂参观，被那些光怪陆离的光影片断所吸引，于是他就暗下决心要成为导演。为此，斯皮尔伯格迅速做出了自己的人生规划——拍电影必须要成为导演，要成为导演，必须先混入影视圈，以导演的生活要求自己。

第二天，斯皮尔伯格穿了一套西装，提着爸爸的公文包，里面装了一块三明治，走进了闻名世界的好莱坞环球影业公司。他故意装出一个大人物的

模样，成功地骗过了所有保安。大楼保安人员恭恭敬敬地向这名身穿优质西服、手提黑色公文包的年轻人行礼。

斯皮尔伯格向保安微微颌首，潇洒地走向电梯。待他走进电梯后，一名保安问身旁的另一位保安："他是谁呀？怎么看着有点眼熟……"

"你没见到他那副行头吗？应该是电影公司的员工吧。"另一名保安颇为自信地推测道。

斯皮尔伯格进入影业公司后，就想尽办法认识众多导演、编剧、剪辑，有时候他会坐到暂时空着的椅子上看书；有时候他会抬起头，越过人们的肩头，看那些知名导演做电影剪辑。

由于他每天出入好莱坞环球影业公司，所以没有人怀疑他的身份。后来他和电影公司里的人熟悉了，人们就把他认定为一名游手好闲的杂工。1年过去了，斯皮尔伯格的身份还是暴露了，他被保安赶了出来。

不过，在这1年里，斯皮尔伯格每天都以一个导演的生活来要求自己，他学会了编写分镜头剧本、蒙太奇艺术思维，对摄影、演员、美术设计、录音、作曲等方面也有了自己的见解。

20岁那年，斯皮尔伯格成为真正的电影导演。1971年，斯皮尔伯格导演了他的第一部电视片《决斗》，大获成功。从此，斯皮尔伯格一发不可收拾，先后拍摄了电影《大白鲨》《侏罗纪公园》《辛德勒的名单》《拯救大兵瑞恩》等，并多次获得奥斯卡金像奖最佳导演奖。

《礼记·中庸》告诉我们，不论做什么事，事先有准备，就能得到成功，不然就会失败。杨澜因为步步为营的规划，所以获得一次比一次大的进步。斯皮尔伯格为了成为导演，从假冒影视公司的工作人员开始，苦学一年多，积极准备，最终获得巨大成就。

7. 习惯养成：处处奋斗，时时奋斗

停止奋斗，生命也就停止了。

——卡莱尔

“青年人创业，我认为不是教出来的，而是自己闯出来的。如果真的有一颗创业的心，那么任何困难都阻挡不了你。”这是李佳鸣的对创业的感悟。

1969年，李佳鸣出生于上海，后来随父亲到美国。当时，仅靠她母亲每月数百元的兼职收入，生活过得极为窘迫。

李佳鸣18岁时以非常优异的成绩考入美国著名的斯坦福大学经济系。她不但以优异的成绩获得奖学金，还用仅仅3年的时间就完成了4年的课程，提前一年毕业。在人才荟萃的斯坦福大学，能在竞争最激烈的本科阶段提前一年以优异成绩毕业，足见李佳鸣的聪慧和刻苦。她是怎样做到的呢？

李佳鸣要提前毕业，其实是为了省学费！大学的课本很贵，每学期如果全部都买需要600美元，而那个时候打工每小时才能挣4美元。因此，李佳鸣的书都是找同学借的，明天要上课了，就借一本来看，看完赶紧还掉。

为了赚取书费，李佳鸣一边读书，一边打工，她先后当过家佣、餐厅侍

应、投资分析员等。毕业后，在没有读过任何会计课程的情况下，李佳鸣被世界著名的罗兵咸（PriceWaterhouse）会计师事务所破格聘用。

很快，李佳鸣就参加了公司的封闭式魔鬼训练，她要在10周学完会计专业4年要学的东西。当时，李佳鸣学得昏天暗地，把眼睛都弄成了近视。通过10周苦读学来的知识，让她迅速入行，开始在工作中独当一面。

人们要想养成奋斗的习惯，就要处处奋斗，时时奋斗。李佳鸣在读大学的时候，艰苦奋斗、奋斗不息，最后提前毕业；在参加工作的时候她也不忘奋斗本色，积极参加魔鬼训练，用较短的时间迅速掌握行业知识。

新疆姑娘热汗古丽·依米尔之所以能改变自己的命运，也在于她不断奋斗的精神。

热汗古丽是一名来自克州阿克陶县的农家女孩。2007年作为克州政府第一批劳务输出人员。17岁的热汗古丽来到了浙江某纺织厂做一名纺织女工。

刚到纺织厂时，热汗古丽不会说汉语，交流成了最大的障碍。于是，她一边学汉语一边学技术。由于吃苦耐劳、聪明伶俐，她3个月后凭娴熟的纺纱技术成为操作长，半年后成为车间主任助理。1年后，热汗古丽因为流利的双语表达能力和沟通能力，被厂家聘为新疆籍员工带队负责人。

在纺织厂工作的几年中，热汗古丽用自己的劳动收入，改变了一家人的生活。家里盖了新房，父亲也开起了小商店。

为了带着大家一起致富，热汗古丽开始组织家乡的姐妹们外出务工。她一边主动联系工厂咨询招聘事宜，一边给乡亲们做宣传。就这样，热汗古丽先后组织家乡1000多名青年到浙江务工。劳务输出的项目大大提高了当地农民的收入和生活水平，也提高了妇女就业水平和她们生活中的自信心。

英国哲学家卡莱尔说过："停止奋斗，生命也就停止了。"这说明奋斗奋斗是人生重要的组成部分，如果没有这部分，人生的精彩程度必然大打折扣。李佳鸣在美国奋斗，读名校、进名企；热汗古丽在国内奋斗，获晋升、传帮带。两个人都用奋斗谱写了精彩的人生。

8. 生命不会重来，立刻马上奋斗起来

要改变人的一生，第一，立即行动；第二，满腔热情地去做；第三，没有例外。

——威廉·詹姆士

“充电的时候把数据备份到充电器上去！”这是方毅创业的一个金点子。

方毅生于1981年，从小品学兼优，1999年被保送浙江大学学习，随后攻读研究生。方毅是个敢想敢做的人。在读书的时候，他想到了手机充电备份方案。毕业不久马上创业，奋斗起来。

2005年，24岁的方毅创办了自己的公司，研发了手机数据备份的“无知觉解决方案”。根据该方案设计，在人们给手机充电的时候同时把相关数据备份到充电器上去。

当时方毅的想法很单纯，以为最多两个月就能做出手机数据备份器的原型。然而每次科技上的小进步都离不开旷日持久的研发，手机充电备份技术上的难关，方毅花了两年半的时间才解决。这两年半来，公司精打细算，克

服了重重困难，最终熬了下来。在做出手机充电备份的原型后，方毅的发明产品获得了科技立项，并获得国家中小企业创新基金的资助。

2007年10月，方毅又注册了1000万元，成立了一家科技有限公司，解决了该产品产研销的资金问题。通过一番宣传推广，美国加州有35家超市已经向方毅订货，东南亚和印度市场也收到了良好的反馈。

生命不会重来，所以有想法的追梦者，要立刻马上奋斗起来。方毅一有手机充电备份的方案，马上创办公司，研发原型产品，捷足先登，终获成功。

在中国，相信没有多少人不知道“老干妈”(公司全名为贵阳南明老干妈风味食品有限责任公司)。“老干妈”创始人陶华碧的创业故事，不知道激励了多少人走上创业的道路。

陶华碧1947年出生于贵州省湄潭县。由于家里贫穷，陶华碧从小到大没读过一天书。婚后没几年，丈夫就病逝了，扔下了她和两个孩子。为了生存，陶华碧只能去外地打工和摆地摊。

1989年，陶华碧用省吃俭用积攒下来的一点钱，在贵阳市南明区龙洞堡的一条街边，用四处捡来的砖头盖起了一间房子，开了个简陋的餐厅，取名“实惠餐厅”，专卖凉粉和冷面。为了佐餐，她特地制作了麻辣酱，专门用来拌凉粉，结果生意十分兴隆。

有一天早晨，陶华碧起床后感到头很晕，就没有去菜市场买辣椒。谁知，顾客来吃饭时，一听说没有麻辣酱，就转身走了。陶华碧终于弄明白了顾客频频光顾自己餐厅的原因，就是那个麻辣酱，可见麻辣酱的市场潜力不可估量。

于是，陶华碧开始潜心研究麻辣酱。经过几年的反复试制，陶华碧凭借自己独特的炒制技术，推出了别具风味的佐餐调料麻辣酱。很多客人吃完凉

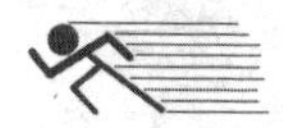

粉后，还买一点麻辣酱带回去，甚至有人不吃凉粉却专门来买她的麻辣酱。后来，她的凉粉生意越来越差，而麻辣酱却做多少都不够卖。

有一天中午，她的麻辣酱卖完了，可是来吃凉粉的客人就一个也没有了。她关上店门，在附近走了10多家卖凉粉的餐馆和食摊，发现他们的生意都非常好。原来这些人做佐料的麻辣酱都是从她那里买来的。

陶华碧下定决心专做麻辣酱，于是她关了苦心经营多年的凉粉餐厅。1996年7月，陶华碧租借了两间房子，招聘了40名工人，办起了食品加工厂，专门生产麻辣酱，取名为“老干妈麻辣酱”。

就这样，一个凉粉餐厅没有了，一个麻辣酱厂诞生了。

办厂之初，为了推销麻辣酱，陶华碧就亲自背着麻辣酱，送到各食品商店和各单位食堂进行试销。经过一段时间的试用，那些试销商纷纷打来电话，让她加倍送货。陶华碧就派员工加倍送去，很快就脱销了。

1997年6月，“老干妈麻辣酱”经过市场的检验，在贵阳市稳稳地站住了脚，也成为贵州的风味食品之一。同年8月，“贵阳南明老干妈风味食品有限责任公司”正式挂牌，工人一下子增加到200多人。

此时，对于陶华碧来说，最大的难题并不是生产方面，而是来自管理上的压力。虽然没有文化，但是陶华碧懂得用情感去感化员工、调动员工。这种“亲情式管理”大受员工们的欢迎。在厂里面，陶华碧就像妈妈一样可亲、可爱、可敬，员工不喜欢叫她“董事长”，而叫她“老干妈”。

2001年，有一家玻璃制品厂给“老干妈”公司提供了800件（每件32瓶）包装瓶。结果，使用这批包装瓶的产品由于封口不严，出现漏油现象。这时一些竞争对手马上利用这一事件进行炒作，群起攻击“老干妈”。陶华碧马上进行“危机公关”，她全部追回这批产品，并当众销毁。自此，所有供应商和消费者都看到了老干妈保证产品质量的决心，各种流言蜚语也不攻

自破。

在10多年的创业过程中，“老干妈”公司在陶华碧的带领下，一路高歌猛进，取得了良好的经营业绩，并对国家、社会作出很大的贡献。陶华碧在1989年自己白手起家，到现在成为全国的知名品牌，其创下3年缴税18亿元，产值68亿元的成绩，并且直接间接带动800万农民致富。

美国心理学家威廉·詹姆士曾振聋发聩地表态：“要改变人的一生，第一，立即行动；第二，满腔热情地去做；第三，没有例外。”方毅发明手机充电备份产品，一想到就立即行动，通过一番奋斗终获成功。“老干妈”陶华碧，一想到麻辣酱有市场空间，就立即行动起来，关了餐厅开了麻辣酱厂，满腔热情地做下去，经过10多年的奋斗，终于造就了一家几十亿产值的大企业。

第六章

要埋头苦干，更要练就一双慧眼

鲁迅先生曾说过：“世上本没有路，走的人多了，也就成了路。”路在脚下，唯有付诸实践，才能一步步抵达未知的未来。成功其实并不难，只要你勇于迈出尝试的步伐，不惧去挑战那些从未被做过的事。

1. 稳准狠，抓住机会的额发

对于不会利用机会的人，时机又有什么用呢？一个不受胎的蛋，是要被时间的浪潮冲刷成废物的。

——艾略特

雨后的街头，天气微寒。一位年轻人骑着一辆摩托车游走在粤东地区的大街小巷，车后座的箱子里装满了空白录像带，他逢人就推销。这位倒卖空白录像带的生意人，就是中凯音像创始人郭子龙。

在上世纪80年代末的中国，录像机是炙手可热的奢侈消费品。空白录像带也随之成了抢手货。郭子龙就是国内第一批倒腾录像带的生意人之一。当时全国录像带几乎全部依赖进口，潮汕地区正好是个集散地。郭子龙借了辆摩托车，载着成箱的录像带奔波在粤东地区。就这样没日没夜、风餐露宿地干了3年，郭子龙净赚300万元。“创业时期很辛苦，自己拉货、搬货，有几次出了车祸，差点把命给丢了。虽然很辛苦，可是很开心”。

尽管只有21岁，赚到第一桶金的郭子龙没有满足当时看来已经是天文数

字的300万。他毅然决定离开家乡汕头去广州闯世界。到了广州，郭子龙发现录像带没有生意做了，因为新兴的VCD碟片取代了录像带。于是，郭子龙马上创立了一家音像公司，做VCD租赁业务。

2001年初，国家广电总局发了一个文件，规定各地电视台在黄金时段不准播海外电视剧，一时间影视界叫苦连天，认为搞影视没有机会了。可是然而，郭子龙却看到了机会——这时候介入国产电视剧的发行，必定有钱可赚！

恰恰这个时候，已经被媒体炒作多时的央视版《笑傲江湖》即将播出，郭子龙决定就势拿下《笑傲江湖》的音像发行权。于是，郭子龙找到中国电视总公司负责人，对他说："我有一个方案，可以让你们营业额翻倍，要不要合作一把！"

"你如何保证营业额能翻倍？"该负责人心有余虑。

"你们没有销售网络，外面的盗版商虎视眈眈"，郭子龙严肃的市场分析让对方惊出一身冷汗，"我可以帮你做音像发行，我有办法为你的片子走向市场铺平道路……"

一谈就打不住，从晚上7点一直谈到凌晨2点。最终，郭子龙开出的音像版权价格让对方无法拒绝：7万元/集，较当时的国内电视剧行情高出了一倍多。

在当时，7万元一集的代理发行费，可以说是天价。当时很多音像发行公司认为，开出这样的价格是没有钱赚的。可是，郭子龙却认为大有赚头。

随后，郭子龙开始铺天盖地地宣传推广，很快，公司就接到很多订单。但是盗版碟也疯狂杀到，它们抢在正版VCD之前上市。盗版VCD虽然来路不正，但由于成本低、利润高，复制又方便，所以几乎一夜之间到处都是盗版碟的天下。

郭子龙没有犹豫，一方面加快发行步伐，连夜铺货、驻店促销，提供质

优价廉的正版货，秒杀盗版。另一方面，他招募了35名退伍军人组成“反盗版别动队”。他让队员们化装成捡垃圾的、送快餐的、抄水电表的，跟踪盗版窝点，查实后就向当地的稽查部门举报。在半年之内，被他们端掉的盗版窝点不计其数。

左手推广正版，右手打击盗版，郭子龙做得风风火火。促使《笑傲江湖》的发行量急剧上升，利润不断扩大，郭子龙不仅回本，还积累了口碑和发展本金，真正做到了笑傲“江湖”。

人生成功的秘诀是机会来临时，立刻抓住它。机不可失，时不再来。因此，明智的人总是抓住机遇，把它变成美好的未来。中凯音像创始人郭子龙就是一位善于抓住机遇、发展自己的高手。无独有偶，美国旅馆业巨头、希尔顿饭店集团的创始人康拉德·希尔顿同样也是因为抓住了千载难逢的机会，才得以称霸旅馆业的。

有一年，康拉德·希尔顿来到了当时因发现石油而聚集了无数冒险家的美国得克萨斯州，希望在那里继续开展他的银行业。希尔顿认为从头做起太浪费时间了，最好是接手正在营业中的银行。然而，希尔顿在州里连续跑了多个城镇，问了几十家银行，都没有哪家愿意转手。希尔顿垂头丧气，发现做银行没有机会了。有一天，他来到一个叫锡斯科的小镇，那是美国犹他州格兰德县的一座“鬼城”，那里人烟稀少、经济衰微。

康拉德·希尔顿刚跳下火车，就发现镇里第一家银行正在出售，要价是7.5万美元。希尔顿当即要将它买下，孰料卖主在赶过来办理相关手续时突然坐地起价，要将售价涨至8万美元，希尔顿不由火冒三丈，甩门而去。

这时天色已晚，窝了一肚子火的希尔顿只得到马路对面的一家名叫“莫布利”的旅馆，准备投宿。

一进大堂，只见要住店的人就像沙丁鱼群夺食一样把柜台围得水泄不

通，希尔顿好不容易挤到柜台前，可是服务员瞧也不瞧他一眼，就把登记簿“啪”地一合，高声喊道：“客满了！”接着，一个板着脸的高大男人开始清理客厅，驱赶这些没有住到店的人。

希尔顿忽然灵机一动，问那个高大的男人：“你是这家旅馆的主人吗？”

对方随即诉苦：“是的。我在这个鬼地方已经待够了。任何人出5万美元，今晚就可以拥有这儿的一切，包括我的床。”

希尔顿听后十分高兴，就仔细查阅了莫布利旅馆的账簿，经过一番讨价还价，卖主最后同意以4万美元出售旅馆。从此，莫布利旅馆易了主，希尔顿干起了旅馆业。

希尔顿经营有方，陆续推出了“微笑服务”“宾至如归”的服务理念，让莫布利旅馆客如云来、满意而归，并成为锡斯科镇的一张靓丽的名片。接下来的几年里，希尔顿又如法炮制，先后买下了华斯堡的梅尔巴旅馆、达拉斯的华尔道夫旅馆。在他的改造之下，这些旅馆都从丑小鸭变成了“高大上”的白天鹅，开始蒸蒸日上。

1925年，希尔顿集资100万美元，在达拉斯市兴建了一家以自己名字命名的新旅馆——希尔顿酒店，并在全球范围内迅速发展成为著名酒店品牌。

善于利用机会的人，总能绝地逢生，开创一番事业；不善于利用机会的人，往往自暴自弃、流于平庸。美国剧作家艾略特认为，不会利用机会的人，就像是一个不受胎的蛋，迟早要成为废物。郭子龙与时俱进，不断抓住新的发展机会，生意也越做越好；希尔顿果断抓住机遇，果断从银行业转战旅馆业，最终成为业界传奇。

2. 不惧未知，做从未被做过的事情

世界上有许多做事有成的人，并不一定是因为他比你会做，而仅仅是因为他比你敢做。

——培根

在一个养殖场里，几只身缀梅花斑点的梅花鹿正悠闲自得在地啃着青草、树叶，它们憨态可掬、招人喜爱。这就是郑良荣新开辟的特种养殖路子。

郑良荣是盘峰乡盘峰村人。2006年，他看到金华的一位朋友养了几年梅花鹿，效益不错。梅花鹿全身是宝，鹿茸、鹿鞭、鹿血、鹿肉、鹿胎等均有药用价值，都是《本草纲目》上有记载的可供药用的名贵中药。郑良荣虽然养过鸡、鸭、牛、羊，但并没有养过梅花鹿。要养梅花鹿，能否成功还是个未知数。

为了确保万无一失，当年夏天，郑良荣到东北一家梅花鹿养殖场进行考察，为了掌握梅花鹿的习性，他在养鹿场打工1个多月，学习养鹿的技术。学成之后，郑良荣就辞职回家建立养鹿场。他在村里承包了3亩土地，建起了栏圈、堆料场和仓库，后来又租用了10多亩土地用以种草。完成养殖场建设后，郑良荣从东北引进了20只梅花鹿，开始了养鹿生涯。

由于初次养殖梅花鹿，郑良荣对该行业懂得不多，在引进幼鹿时雌性少雄性多，导致梅花鹿繁殖缓慢，有些品种也不理想。后来，郑良荣淘汰了一批不良品种，引进优良品种，滚动发展，他的养鹿事业渐渐有了起色。

郑良荣养梅花鹿的主要收入是出售鹿茸、鹿角血、鹿血等，由于附近地

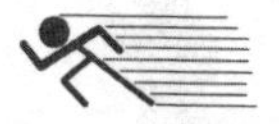

区养鹿的人不多，鹿产品稀少，因此也比较珍贵。到了第四年，郑良荣收回了20多万元的总投资。

随着鹿龄的增长，郑良荣想到了鹿肉的利用，于是他又开起了以鹿产品为主打品种的饭店，为养鹿事业的发展开辟了新路。

对于未知的未来，人们往往心存畏惧。勇于进取的人会以实际行动一步步探索未来，也就是要做一些自己从来没有做过的事情。郑良荣从来没有养过梅花鹿，心存顾虑，但他通过打工潜伏学艺，接着自办梅花鹿养殖场，终获成功。

鲁迅先生曾说过："世上本没有路，走的人多了，也就成了路。"路在脚下，唯有付诸实践，才能一步步抵达未知的未来。成功其实并不难，只要你勇于迈出尝试的步伐，不惧去挑战那些从未被做过的事。罗素阿·奇尔斯就是这样做的。

拉塞尔·科尔希（RussellA.Kirsch）生于1929年，在1947至1950年间，曾领导研究小组创造了美国第一台内程序控制计算机。1957年，科尔希和他的团队又发明了一种扫描仪，可以将照片转换成数字图像。这一突破创立了卫星成像、CAT扫描条形码以及桌面出版的基础。

有一位记者曾经采访过科尔希，对于他的这些发明感到震惊。当时，奇尔斯找到了很多的网站和历史档案资料，用来展示他辉煌的历史成就。奇尔斯向记者展示了，他创造了第一张电子相片，是给他的儿子拍的，那张照片只有128像素。

科尔希说："没有什么能够阻止我们做真正想做的事。但大多数人的想法与我相反，他们都认为他们想要去做的事情都不可能完成，结果他们就真的一事无成。"

英国哲学家培根坦陈："世界上有许多事业有成的人，并不一定是因为他比你会做，而仅仅是因为他比你敢做。""敢做"就是要做那些从未被做过的事情，只要在心中确定某个信念，决定去做它，并愿意努力去做，没有什么可以阻挡你。郑良荣养殖梅花鹿走新路；科尔希发明计算机、扫描仪，他们都是敢想敢做的人，自然是事业有成。

3. “第一”胜过“更好”，挖掘自己厉害的地方

第一个把美女比作鲜花的是天才，第二个重复这一比喻的是庸才，第三个重复这一比喻的是蠢材。

——黑格尔

华灯初上，在深圳街边的一处大排档里，有个愁眉紧锁的年轻人正在独自喝闷酒。方磊的第一次电商创业以失败告终，现在他正在苦苦思索新的出路。

2006年方磊到深圳上大学，2010年毕业后他选择留在深圳，进入一家网上服装销售公司上班。在那里，他第一次接触网络销售的模式。2012年底，方磊作出了一个大胆的决定：辞职创业，做电商卖女装。

然而，真正做起来远没想象中那么容易。方磊的网店没有什么知名度，产品也没有什么过人之处，所以很多时候处于无人问津的状态。

为了尽快让网店成长起来，方磊将女装的售价定得很低。销量虽然不错，但由于利润低，挣的钱还顾不住开销，方磊的第一次电商创业以失败告终，为此他郁郁寡欢了很久，不时借酒消愁。

2014年初，在一次同学聚会上，两个正在恋爱的同学身穿情侣装现身引起了大家的关注。席间，那位女同学说的一段话让方磊印象非常深刻，“现在的情侣装就是同款衣服女生S号，男生XXL号，穿起来不是女生显得‘子’，就是男生看上去‘娘’。”

方磊正愁着没有出路，听了这位女同学一席话，让他如梦初醒，发现了新的商机。方磊心想：“不是电商没得做，而是我做得没有特色，如果我把情侣装做精，男女款式不同，但看上去又相得益彰，应该能成功。”

有了想法，方磊马上积极行动起来。当时韩版修身服装在年轻人当中非常流行。于是方磊不停地在市场上寻找各种好看的韩版服装，先找女款再找男款，然后将两套衣服搭配在一起看看能不能显出“情侣”的味道。如果遇到合适的搭配就打样板生产，不合适就继续找……就这样，通过大量的市场走访，方磊终于确定了第一批情侣装款式。接着，他联系工厂代工，找模特拍照，最终在网上开始销售。

网店重新上线第一个月，方磊就卖出了500多套情侣装。在销售火爆的同时，他也在反思：为什么同样是做电商，同样是卖服装，之前的创业就没能成功？

认真总结后方磊得出结论：“网售女装虽然门槛低，但市场相对成熟，竞争激烈，新开网店和小网店要想生存发展下去就得花心思搞特色。”

找到发展门道之后，方磊将“情侣味”这一特色发扬光大，从T恤到棉衣，推出款式丰富的情侣装。方磊的网店逐渐发展起来，成为所在区域市场第一个经营全部款式情侣装的网店。

在市场营销中，一般来说“第一”往往胜过“更好”，所以要在市场竞争中脱颖而出，就需要挖掘自己厉害的地方、领先的地方。方磊在网店上大打“情侣味”，精心配对各种各样的情侣装，不知不觉中成为情侣装第一网

店，所以获得了成功。

红牛为什么这么牛？关键在于，它是第一款“提神醒脑、补充体力”的功能饮料。

1995年红牛登陆中国，从时间上获得了先发优势。此外，红牛是泰国舶来品，而泰拳又是世界上最凶猛的拳种，红牛饮料代表无以伦比的能量，泰国饮料与泰拳产生关联，凸显正宗品牌。

中国人民通过“渴了喝红牛，困了、累了更要喝红牛”，得以不断“提神醒脑、补充体力”。红牛饮料正是通过不断的宣传，不断巩固自己在功能饮料领域的第一位置。

很快，竞争对手杀到。2012年娃哈哈的功能饮料“启力”横空出世，2013年达利的功能饮料品牌“乐虎”咆哮而来，还有数不胜数的山寨版“X牛”功能饮料也如雨后春笋般冒出来。

启力和乐虎一进入市场，就大张旗鼓地与红牛进行“针尖对麦芒”的对抗。结果，还是“第一”胜过“更好”，启力和乐虎难以撼动红牛的市场地位，其他山寨版功能饮料更是“一锤子买卖”，很少回头客。可见，依靠砸钱式的广告战、价格战、促销战已经不能保证在市场竞争中100%获胜，而品类竞争、品牌竞争才是致胜关键，因为“第一”胜过“更好”。

方磊凭借着自己敏锐的眼光和年轻人独有的时尚气息，打造“情侣装第一网店”，结果大获成功；红牛做第一款“提神醒脑、补充体力”的功能饮料，同样攻无不克。成为第一要胜过做得更好，正如德国最伟大的哲学家黑格尔所言：“第一个把美女比作鲜花的是天才，第二个重复这一比喻的是庸才，第三个重复这一比喻的是蠢材。”面对未来更加激烈的竞争，你想做天才还是蠢材？

4. 只有敢为人先，才有可能成为先驱

不敢成为先烈,就不能成为先驱。

——李东生

在一个农村里，一个光怪陆离的“海底世界”正在展出，远近的乡亲们蜂拥而至，在几百米长的“海底隧道”里，人们可以看到世界各地的几百种珍奇海洋动物。人们不用大老远跑去大城市的海洋馆、不用挤破头排队、不用花很多钱，就能与海洋动物亲密接触。这就是范海庭亲手打造的农村“海底世界”。

东冶村是河北平山县一个普通的小村庄。在这个普通村子里，却有着一项吉尼斯世界纪录，因为村里有一只长39米、宽36米、高9.7米的万吨石砌巨龟。围绕着巨龟，水上休闲娱乐、生态农业养殖、爱国科普教育各类项目一应俱全。在巨龟的地下，是收藏百余种海洋及热带珍稀鱼种的农村“海底世界”。这里就是被评为国家AAAA级景区、首批全国农业旅游示范点的东方巨龟苑风景区。

该景区的创始人，是东冶村60多岁的农民范海庭。多年来，他通过不断解放思想、开拓创新、敢为人先，走出了一条农村致富的新路子。

1987年，范海庭借来3万多元钱，开始养鳖。由于经验不足，又遇上冬日酷寒，种鳖成活率不高，结果范海庭亏了本。可是范海庭并不气馁，在养殖过程中他细心观察总结鳖的生活习性，总结了鳖的活动规律，他经过一遍遍试验，最后从蔬菜塑料大棚种植法得到启发，发明了塑料大棚养鳖法。这一招令种鳖的成活率提高到85%，开创了养鳖的先河，也填补了中国甲鱼养殖史上的一项技术空白。

后来，范海庭的养鳖事业越做越大，也积累了不少财富。有一次，范海庭应邀去外地参观，得知当地依托旅游资源带动了经济发展，他大受启发。从外地参观回来，范海庭就兴致勃勃地要把自己的养殖场办成一个集甲鱼养殖和旅游观光于一体的休闲景区。

1997年，范海庭花2000多万元建成了一个农村“海底世界”——东方巨龟苑。随后，范海庭又花3000多万元增建了华夏历史园林、瓜果蔬菜观光采摘园、花卉观赏园、“农家乐”餐饮、河水漂流，建成了全县第一家农业旅游观光园，吸引了周边城市上百万的游客。这种特色旅游，不仅让他的财富翻了几番，每年还带动大批乡亲们就业创收。

出身贫困、没有文化，但却头脑聪明、敢闯敢干，这就是范海庭。他总结自己成功没什么秘诀，就是靠胆子大。但在我们看来，他成功的最根本之处则是他的智慧、眼光、勤劳和韧性。事业是无止境的，如果没有敢为人先的创新精神，就不可能欣赏到前方最美的个风光。范海庭敢为人先，在农村里打造“海底世界”，建成了全县第一家农业旅游观光园，搞特色旅游，结果大获成功。

现代汽车工业的先驱者之一、人称“汽车之父”的卡尔·本茨，也是敢

为人先的创新典范。

卡尔·本茨是德国奔驰汽车公司的创始人，被称为“汽车鼻祖”。1844年，本茨出生在德国卡尔斯鲁厄一个手工业者家庭。从中学时期，本茨就对自然科学产生了浓厚的兴趣，1860年进入卡尔斯鲁厄综合科技学校学习。在这所学校，他较为系统地学习了机械构造、机械原理、发动机制造、机械制造经济核算等课程，为他日后的发展打下了良好的基础。在学习之余，本茨靠修理手表得到一些零用钱。在经历过学徒工、服兵役、娶妻生子等人生经历后，他于1872年与别人合作组建了“奔驰铁器铸造公司和机械工场”，专门生产建筑材料。由于当时建筑业不景气，本茨的工场经营困难，面临倒闭危险。为了摆脱经营困境，他决定制造发动机获取高额利润以摆脱困境。

于是，他领来了生产奥托四冲程煤气发动机的营业执照，经过一年多的设计与试制，他于1879年12月31日制造出第一台单缸煤气发动机。后来，本茨又经过多年的努力，在1886年1月29日发明了第一辆不用马拉的三轮车。从此奔驰汽车公司获得“汽车制造专利权”，这也是世界上第一个“汽车制造专利权”。

在发明汽车的过程中，本茨敢为人先、不断创新。在技术上，他果敢地摒弃了已经十分成熟的蒸汽机而选用了自己并不被人看好的内燃机作动力。在产品结构上，他既能制造出最高水平的“高档车”，又能及时调整产品结构，生产适销对路的“普通车”，为公司赢得了可观的利润。

TCL集团公司董事长李东生曾经说过：“不敢成为先烈，就不能成为先驱。”人们在经营人生、发展事业时，会遇到各种各样的难题，在这个时候，只有以成为“先烈”的勇气，敢为人先、不断创新，才能成为业界的领军人物、标杆企业。范海庭打造农村“海底世界”，卡尔·本茨研发高档汽车，他们的成功就是敢为人先、锐意进取的结果。

5. 分析成功个案的前提，并为自己创造前提

成功的第一个条件就是要有决心；而决心要下得迅速、干脆、果断，又必须具有成功的信心。

——大仲马

在钱江大酒店顶楼，一场盛大的招商会正在举行，席间宾客云集、气氛热烈。一位说话慢条斯理却干净利落的年轻人正与代理商推杯换盏、谈笑风生。那位年轻人叫吴立杰，他正在向来自全国各地的100多位代理商展示他们设计的200多款品牌服装。

上世纪80年代初，吴立杰出生在浙江温州泰顺县。2000年，他来到杭州某高校学习念服装设计。他上大学的费用全靠自己挣的，在读大学的时候，他就给几家公司做兼职，在给他们做服装设计的同时，他还学习面料、进货等知识。

渐渐地，吴立杰发现，做设计师有种“为他人作嫁衣”的滋味，因为他设计的一个款式如果卖得好，厂家可以赚几十万元甚至上百万，但是他只能

拿到几千块。所以他觉得，不能总是这样“吃亏”。于是，在大二放暑假的时候，吴立杰自立门户，登记注册了一个服装品牌策划公司。

当时，吴立杰白天上课晚上工作，经常熬到凌晨两三点钟。公司刚成立，急需要设计单。吴立杰为了第一笔救命的业务单，他整整跑了28次才说服客户让他们做。为了减少开支，吴立杰每次出去谈业务都是挤公交车。为了不让客户发觉，吴立杰每次快到人家公司的时候，先擦去身上的臭汗，再进去洽谈。就这样，吴立杰的公司慢慢活过来了。

在给一些大客户、大公司做企划的过程中，吴立杰也学到了很多成功经验，包括大公司的品牌运作、进货、销售和管理等。

2004年吴立杰大学毕业后，就在法国成功注册了一家服饰公司。为了迅速打开市场，2005年，吴立杰模仿大公司的品牌运作方式，给自己策划了一场巨大的招商会，于是就出现了钱江大酒店顶楼盛大招商会的情形。

为了举办这个招商会，吴立杰跑到各地发了400多张邀请函，凡是看到那种装修豪华、代理品牌服饰的店，他就进去和他们谈代理事宜。吴立杰要给代理商营造良好的第一印象：让他们看到的是一个来自法国的国际大品牌，如果现在不代理那就要亏了。在精心策划和执行下，吴立杰的招商会获得成功，他的公司迅速在全国18个省发展代理商，在杭州还有一个1000多平方米的生产基地。

吴立杰越战越勇，也越来越沉稳。2006年5月，吴立杰又开始进军皮具市场，并在英国注册成立了自己的第三家公司，因为很多客户喜欢洋品牌。

很多人的成功并不是偶然。人们要想复制别人的成功，就要分析成功个案的前提，并为自己创造前提。吴立杰成功的前提，是他那娴熟的品牌策划经验；维珍（Virgin）品牌创始人理查德·布兰森的成功前提，则是“喜欢浑水”。

1984年，布兰森成立了英国“维珍航空”，提供来往英国的洲际长途航空服务。创业之初，布兰森的钱仅能租借一架波音747客机投入服务。

当时，“维珍航空”遭遇了最大的竞争对手，那就是英国第一大航空公司——英国航空公司。英国航空公司财大气粗，无论是飞机数量还是运营路线都能压倒性地超过维珍航空。

为提高维珍航空的知名度，1985～1986年，布兰森亲自上阵，展开环球冒险活动，他两次驾驶一艘名为“维珍航空挑战号”的摩托艇横渡大西洋，在全球媒体的关注下，他和维珍航空品牌一夜成名。随后，布兰森乘坐“维珍航空”的热气球首次穿越大西洋，更是令维珍航空品牌闻名于世。

布兰森一边舍身冒险为公司做品牌宣传，一边图谋创新、引领潮流。

布兰森为维珍航空提出了经营目标：“为所有客舱乘客提供最高品质、最超值的服务。”于是，维珍航空打破了航空业的惯例。他们取消了飞机上的头等舱，把用于头等舱的投资全部用于商务舱建设。他们在商务舱中设置头等舱的座椅，还推出特级经济舱，该舱位比一般经济舱的座位要宽许多，同时享受相当于商务舱的服务。此外，他们在机上提供美容保健等服务。

正是由于这样的创新，让维珍航空获得大批客户的认可，最后发展成为继英国航空公司的英国第二大国际航空公司。

布兰森说：“如果一个市场被两个巨头垄断，对我来说它就有正当竞争的空间。不仅是有兴趣，我还喜欢浑水，尤其是当大公司提供价贵质次的产品时，我就想从他们的收入中分一杯羹。”

法国浪漫主义作家大仲马指出，“成功的第一个条件就是要有决心”。吴立杰在法国注册服饰公司，以品牌魅力征服国内消费者，这就是他成功的重要原因。在“浑水”中，布兰森下决心展开冒险活动和创新活动，最终让维珍航空迅速发展壮大。

6. 眼界有多远，成就就有多大

痛苦或者欢乐,完全蕴含于眼界的宽窄。

——雪莱

在意大利的一个山谷里，密林幽暗、山高壑险、交通不便。在山谷深处，隐藏着一个古老的村落，人们取水的唯一途径，就是前往山谷外一条很远的小河里挑水。有一年，村长把挑水的任务交给了两个年轻力壮的小伙子，并承诺每挑回一担水就支付他们报酬。

一个年轻人叫保罗，他准备了两个大水桶，每天不断挑水，往返于小河和山谷之间。虽然挑水很辛苦，但是收入还不错。保罗想：等自己存够了钱，就可以盖新房子，娶妻生子，过上幸福的生活了。

另一个年轻人叫里奥，他挑了一天的水，就不干了。他想：天天翻山越岭，才挑那么一点水，根本不够喝，要是能想办法把山谷外的河水引到村里来，那该多好呀！

“今天你怎么没有去挑水？”村长看见里奥在村口游荡，于是斥问他。

“村长，我这样挑水挑到死也不能从根本上解决饮水难的问题，不如号

召全体村民，集资修建管道，将河里的水引来。”里奥向村长表明自己的想法。

“我们千百年来都是这样过的。”村长无奈地叹息道，尽管如此，里奥的建议却被村长记在了心里。在召开全体村民会议时，村长当众提出了里奥的建议，想要征求大家的意见。但是，里奥的建议却遭到了绝大部分村民的反对，因为从来没有人这样尝试过，要知道那可是好几公里的山路啊。

“里奥你还是老老实实挑水吧，如果修了管道，你我还有赚钱的机会吗？”保罗也劝里奥不要异想天开，断了自己的财路。

里奥不是容易气馁的人，他知道，在岩石般硬的土壤中挖一条管道是多么艰难的事情，他也知道自己的生活在开始的时候会很艰难。而且他亦知道，要等至少一两年，他的管道才会产生可观的效益。但里奥相信他的梦想终会实现，于是他说服了自己的家人和他一起悄悄修建管道。

几年后，保罗靠着挑水发了一笔小财，他盖起了新房子，家中买了很多家具和粮食。后来，他还娶了一位漂亮的妻子，日子过得很惬意。相反，里奥的生活就显得有些落魄，他每天都累得精疲力尽，跌跌撞撞地回到他简陋的小屋；日子过得愈发窘迫，因为所有的钱都投入到了修建管道中。尽管如此，里奥始终深信，明天梦想的实现是建造在今天的牺牲上面的，短期的痛苦终将换来长期的、丰厚的回报。

“后悔了吧，要是你跟我一起挑水，那你的生活就不一样了！”保罗劝他趁早放弃修水管的“傻事”。可是，里奥坚信自己的梦想终会实现，于是他继续在山里开沟铺管。

又过了几年，里奥修建的管道终于将山谷外的河水引进了村子里，看着清澈无比的河水源源不断地从管道中流入水槽，整个村都沸腾了，村民们纷纷向里奥出钱买水。现在村子源源不断地有新鲜水供应了，村民不仅解决了

日常用水问题，还可以浇灌庄稼、养花种草。不仅如此，附近其他村子都搬到这个村来，村子顿时繁荣起来。

没过多久，保罗就失业了，因为现在再也没有人请他去挑水了。

眼界有多远，成就就有多大。在生活的旅途中，最危险的不是悬崖峭壁，而是在繁花似锦的坦途中因迷恋路旁风景而止步不前，或误入歧途。保罗的眼界局限于眼前的利益，虽然在短期内实现了这个目标，但却不能长久；而里奥则在心里勾勒出一幅宏伟的蓝图，并从下定决心的那一刻起坚持不懈地做下去，虽然过程漫长而艰辛，但他最后却获得了丰硕的长期回报。

思路决定出路，眼界决定境界。摄影师斯坦顿取得的不同寻常的成就，也跟他的眼界有紧密的关系。

2010年，旅行者斯坦顿第一次来到纽约时，就被街上形形色色的人吸引住了，他发现纽约街头的人物像个富矿，让他欲罢不能。这时他心中萌生了一个伟大计划：街上不同的人有不同的风格和魅力，为什么不给一万个人拍肖像照？

于是，斯坦顿决定在纽约定居，当一名专业摄影师。他租了一间房子作为工作室，天天在街上徘徊，要拍摄一万张人物照片。刚开始，斯坦顿上街去偷拍，有些人非常生气地冲过来骂他，还想要砸毁他的照相机。就连斯坦顿的家人也认为这是他不务正业，劝他去找一份正常的工作。

面对周遭人的不理解，斯坦顿并没有停止活动，他还是坚持拍摄纽约的街头人物。不久后，斯坦顿在脸谱网上开通了自己的主题博客“人在纽约”，每天都要上传摄影作品。从此，他白天拍摄，晚上维护博客，天天如此、从未间断。

“倒霉的车祸，让我无缘棒球运动！”有一天，一名维修工向斯坦顿诉苦。斯坦顿马上把他拍摄下来。晚上在博客上传图片时，斯坦顿在照片旁边

写上了维修工当时的遭遇和心情。

就这样，斯坦顿的照片风格基本确定，那就是陌生人的心路写照。每次拍完后，斯坦顿会和拍摄对象击掌庆祝，然后一起把照片翻看一遍。被拍的人从中选出自己最喜欢的一张，斯坦顿就把这张放到博客上，并配上他们的故事。从这些照片和文字里，人们能读到很多东西：爱情、责任、希望、对生命的思考以及对往事的调侃……

几年过去了，斯坦顿上传的照片越来越多，关注他的网友和粉丝也不断爆增。很多人都希望通过斯坦顿的照片重新认识纽约，甚至要找到某个人。

2013年11月，应广大粉丝的强烈要求，斯坦顿推出了摄影集《人在纽约》，该书迅速登上《纽约时报》畅销书排行榜榜首。他本人也被《时代》杂志评为“30位30岁以下改变世界的人”之一。

里奥为村民修管道，最终一劳永逸地解决了千百年来的饮水难题；斯坦顿用镜头讲述“人在纽约”，最终收获了不小的成果。你的眼界决定你的世界，你能看到多远的过去，就能看到多远的未来。即使前进的道路艰难险阻、荆棘密布，但只要坚持到底，必然能看到胜利的曙光。这正如英国诗人雪莱所说的：“痛苦或者欢乐，完全蕴含于眼界的宽窄。”

第七章

在路上，瞬间璀璨足以证明自己

精进法则，就是让今天超越昨天，让明天超越今天。唯有不断超越现在、超越自己，奋力奋斗，才能让自己立于不败之地。

1．精进法则：让今天超越昨天，让明天超越今天

只要你相信并且日益精进，上天都会忍不住要帮你。

——稻盛和夫

森林笼罩在一片黑暗之中，被父母遗弃的汉赛尔与格莱特依靠微弱的月光，想找到回家的路。可是，他们白天在森林里沿途偷偷丢下的面包屑，全被小鸟吃掉了。没有任何指示标记，他们在森林里迷了路，急得团团转……

这是《格林童话》中的一则流传很广的童话故事，当中国兴起APP创业大潮的时候，彭韬将这个童话故事和“面包旅行”APP联系了起来。

2004年彭韬在澳大利亚墨尔本大学拿到博士学位后，就开始创办IntelliGurad公司。2012年彭韬克服重重困难，回国再度创业，开发出“面包旅行”APP。

很多人出去旅行，面对新的事物，就会产生很多新的体验和记忆，如何让人们随时随地记录这些碎片化的信息呢？彭韬萌生出一个想法：做一种无法被“时间小鸟”吃掉的面包屑，来保存人们的珍贵记忆。

就这样，通过一系列的研发，“面包旅行”手机APP横空出世。它是一款旅行类APP，成功引入童话故事的元素，再加上多功能研发，让它拥有了游记撰写分享、全球景点信息、旅行路线推荐、旅游产品购买等功能。彭韬说：“别让人们的旅行体验成为被小鸟吃掉的面包屑，什么都留不下来。”

在研发“面包旅行”APP之前，彭韬在澳大利亚积累了一些创业经验，也拿到了风险投资来维持产品的初期运营。彭韬是一个精益求精的人，他希望自己的产品不断超越过去、超越现在。彭韬说：“我们会花费十几个小时来修改一个细节，只为了满足用户的一个要求。”

通过不断的改进，“面包旅行”APP打造出了自己的亮点，那就是“内容+用户关系”。“内容”是指用户自己上传的游记内容，因为只有与自己有关系的内容用户才会关注；“用户关系”是指用户之间可以通过上传自己的游记进行社会化分享与交流。

后来，为了满足一部分“比较懒”的用户的需求。“面包旅行”APP又推出了大量的游记模板，让用户在很短时间内就完成一篇像样的游记。当然如果用户不满意，也可以进行修改和个性化调整。

未来，彭韬还会根据用户需求和使用习惯，不断升级“面包旅行”APP的版本，让它真正成为人们出行的必备应用。

精进法则，就是让今天超越昨天，让明天超越今天。唯有不断超越现在、超越自己，奋力奋斗，才能让自己立于不败之地。“闻起来像女人”的香奈儿5号香水，就是通过不断改进、不断升级配方诞生的。

香奈儿生于1883年，是一对法国贫穷的未婚夫妇的第二个孩子。香奈儿的童年是不幸的，她12岁时母亲离世，父亲更丢下她和4个兄弟姐妹。因此，她由姨妈抚养成人，儿时入读修女院学校，并在那儿学得一手针线技巧。

1910年，香奈儿在巴黎开设了一家女装帽店，凭着非凡的针线技巧，香奈儿缝制出一顶又一顶款式新颖的帽子。后来，香奈儿又开始进军高级订制服装领域，为无数女性设计活泼靓丽的时装。

拥有新潮的帽子、漂亮的时装，女人已经很漂亮了。那么，如何让女人再漂亮一点呢？香奈儿认为如果再配上一点香水，女人就更加完美了。

于是在1921年，香奈儿推出了她的第一款香水——香奈儿5号。香奈儿将该香水定位为“闻起来像女人”的香水，这款历史上第一瓶抽象香调的香水，成就了至今无人超越的传奇。

那么这种香水是如何研发出来的呢？当时在香水界盛行的玫瑰、茉莉或丁香等单一花香调香水。香奈儿根据大量的用户调查，发现有80多种香水的使用频率最高，于是香奈儿对香水产品进行了改造，精益求精，成功融合了这80多种香水成分，制造出了复合香型香奈儿香水。

香奈儿香水一推出市场，就以秋风扫落叶之势，强势击败了其他品牌的香水。

日本著名实业家、哲学家稻盛和夫有句至理名言：“只要你相信并且日益精进，上天都会忍不住要帮你。”“面包旅行”APP不断升级版本，不断满足客户需求，就是一个日益精进的过程；香奈儿为了让女人更加漂亮，从做帽子，到做时装，再到推出复合香型香奈儿香水，让香水“闻起来像女人”，最终俘获全世界女性的芳心。

2. 创业没有回头路，唯有不断奋斗下去

这个世界并不在乎你的自尊，只在乎你做出来的成绩，然后再去强调你的感受。

——比尔·盖茨

爆竹声声辞旧岁，笑声朗朗迎新春。春节过后，王旭安离开家乡，到了温州做起不干胶商标和礼品业务。他既没有工厂也没有员工，做业务就是要不断拉单，然后找工厂生产，赚其中的差价。

1987年，王旭安同一个精细化工厂签订了13000元的不干胶商标合同。王旭安原本以为可以小赚一笔，没想到由于工厂原材料价格的突然暴涨，导致他最后根本没有利润可挣。这时，王旭安萌发了自己办厂的念头，毕竟老让别人加工和挂靠其他单位不是长久之计。

打定主意后，王旭安办起了一家彩印厂。没有创业的人永远不懂创业之苦，那时王旭安住在工厂的一个角落里，他白天跟进生产单，晚上就忙着联络业务。王旭安既是老板又当伙计，凡事都要亲力亲为。

办了工厂之后，租金、人工、材料、差旅费激增。钱似乎总是不够用，

但业务并没有相应地出现爆炸性增长。那时，王旭安恨不得把一分钱掰成两半花。他出差谈业务时总要找最便宜的旅馆住，饿了就吃方便面充饥。每到一个城市找合作厂家，路远的就坐公交车去，近的就直接走路前往。

随着业务的开展，王旭安重新确立了客户定位——大公司、大企业并不是“自己的菜”，那些“铢锱必较”的小公司、小老板才是自己真正的客户。明确客户定位之后，王旭安通过黄页、网络、展会搜索到这些公司，然后逐一联络拜访，先跟对方做朋友再进一步做生意。很快，一些仪器厂、灯泡厂、厨房设备厂、精细化工厂陆续成为王旭安的客户，向他订制各种包装材料。

王旭安说：“只要在路上，就只有创业，没有守业。事业和人生一样，永远没有回头路，不进则退！”

创业没有回头路，唯有不断奋斗下去，才能享受创业苦旅中的快乐。2007年大学毕业后，潘裴和同学一起前往苏州谋求发展，他的计划是先积累一些工作经验，再自主创业。

潘裴的第一份工作是汽车销售，经过2年的不懈努力，他做到了经理的位置，而其他同学因为受不了做销售的苦纷纷离去。2010年，有一家公司向潘裴抛出橄榄枝，开出了年薪20万元的高薪，请他前往上海工作，主要从事工程机械配件销售工作。经过权衡，潘裴认为做店面经理可学习的东西较少，而做公司的销售经理可以更好地开阔眼界。于是，潘裴只身前往上海，从组建团队到产品销售，短短的1年时间里实现销售额突破千万。

经过几年熬下来，潘裴明白了做销售的秘诀——那就是随时随地开发客户，每时每刻做好利益分配。然而，做出来的成绩也是依托别人的产品，这让一心想创业的潘裴很不甘心，他想拥有自己的产品，有一天可以把它推向市场。经过再三考虑，潘裴决定回乡创业。

说干就干，2013年11月，潘裴向公司递交了辞职信，从上海回到了老家泗洪，打算销售家乡的土特产。

“你好好的工作不做，回来干什么？”一向温和的父亲也变得严厉起来，连续几天都没有搭理潘裴。

经过一次次与父母沟通，潘裴终于说服了父母，同意他在老家创业。“既然选择了创业，就不能回头，无论成败我都不后悔。”潘裴说。

潘裴说到做到，他结合家乡的优势资源，将家里种植的莲藕、荷叶加工后，生产制作成具有养生概念的“荷叶茶”。潘裴对该产品进行了精心的设计与包装，同时进行线上线下销售。

很快，潘裴的公司就进驻了泗洪县电子商务产业园。每天他都在仓库里对“荷叶茶”进行包装，不断将包裹发往全国各地的买家手中。公司刚刚起步，潘裴一个人要干3个人的活儿，从来没有放松过。

潘裴透露：“这一切只是刚刚开始，我最大的梦想就是把家乡的优势资源发挥到最大，让更多人了解来自洪泽湖畔鱼米之乡泗洪的土特产。”

微软创始人比尔·盖茨虽然取得了很大的成绩，但他还在不断努力，想再创佳绩。因为这个世界并不在乎你的自尊，只在乎你做出来的成绩，然后再去强调你的感受。生命并不是一种辉煌的奇观或是一场丰盛的宴席，它是一种岌岌可危的困境。正因为如此，王旭安创办彩印厂，潘裴研制“荷叶茶”，他们深知，只有奋力前行、不断提高，才能始终立于不败的境地。

3. 创业项目，需要从模仿到创新

创新，并不是说要造一个全世界从来没有出现过的东西，所谓的创新，就是一种模仿以后加入了中国的特色而已。

——俞敏洪

1978年，俞敏洪高考失利后就回到家里喂猪、种地，干遍了所有农活。为了改变命运，俞敏洪更加发奋读书，积极备战高考。1980年，俞敏洪坚持考了3年后，最终考进了北京大学西语系。

1985年，俞敏洪毕业后就留在北大成了一名讲师。很快，中国出现的留学热潮，让俞敏洪也萌生了出国的想法。3年来，俞敏洪又考托福又考专业课，希望能赴美留学。没想到美国政府收缩了留学政策，他3年多的努力付诸东流，所有的积蓄也用光了。

为了挣出国的学费，俞敏洪到北大外面去做兼职教书，后来又约几个同学一块儿出去办托福班。1990年秋天，俞敏洪在外从事第二职业的事情败露，学校毫不留情地给予处分，并在校园广播高调宣布了对他的处分决定。

1991年，俞敏洪被迫辞去了北京大学英语教师的职务。苦难之中，俞敏洪静心细想，尽管自己留学失败，但是对出国考试和出国流程已了如指掌，不如模仿别人搞个培训班专门为出国留学人员提供服务。

很快，俞敏洪在一个叫东方大学的民办学校办了培训班。学校出牌子，他上交15%的管理费。当时，俞敏洪租了间平房当教室，外面支一张桌子，放一把椅子，“东方大学英语培训班”正式成立。第一天，来了两个学生，看“东方大学英语培训部”那么大的牌子，只有俞敏洪夫妻俩，破桌子，破椅子，破平房，登记册干干净净，人影都没有，学生满脸狐疑。

俞敏洪见到有学生来，马上上前推销自己，凭着三寸不烂之舌让两个学生报名缴费。夫妻俩正高兴着，突然两个学生又跑回来了。他们心里不踏实，把钱又要回去了。

尽管前期困难重重，但拼死拼活干了一段时间后，俞敏洪的培训班渐渐有了起色。熬了两年后，眼看着学生多起来了，俞敏洪渐渐萌生了自己办班的念头。1993年，俞敏洪在一间10平米透风漏雨的小平房里创办了北京新东方学校。

13年后，2006年新东方在美国纽约证券交易所上市，成为中国大陆第一家在美国上市的教育机构。

创业项目，需要从模仿到创新。新东方在创业初期曾经模仿别人办外语培训，后来找到较好的合伙人才开始创新，公司业务也从外语培训拓展到了中小学基础教育、学前教育、在线教育、出国咨询、图书出版等多个领域。

创业者在苦寻创业项目时，不要忘了先从模仿入手，然后在条件成熟之时再谋求创新。汽体打火机的发明就是从模仿到创新的鲜活案例。

日本丸万工业公司董事长片山丰1968年到美国旅行时突然犯了烟瘾，他

掏出烟来想点上，可摸遍了口袋，却怎么也找不到自己随身携带的汽油打火机。他在街头四处寻找打火机时，在市场上发现了一种新的汽体打火机，它易燃，能调整火焰大小，而且没有烟味，比汽油打火机具有更多的优越性。

片山丰意识到，这种打火机很快就会垄断整个市场。于是，他进一步考察汽体打火机的销售情况，果然不出他所料，各地的经销商也都看好这种新产品。于是，片山丰就购买了几种款式的汽体打火机，去找一家美国经销商谈合作。

“我们公司将要制造汽体打火机，你们愿不愿意订货？”片山丰问道。

“当然愿意了，不过汽体打火机已有专利，你们怎么掺和进来呢？”美国经销商反问道。

“我们会将汽体打火机更新换代，创造出比现在的汽体打火机性能还要优越的新产品。”片山丰充满自信地说。

“那当然好啊，但是汽体打火机是经过多年研制才推上市场的，你后来再研发，怎能一下子超过它呢？”

“完全可能，你就等着订货吧。”随后，片山丰带了一只名牌汽体打火机回国，下令自己公司的技术部门，以这只打火机为样板，一定要创造出比它更好的汽体打火机来。经过一年的深入研究，丸万工业公司终于创造出了世界上性能最好的汽体打火机，并申请专利，大批量生产。

这时汽体打火机已经垄断了市场，汽油打火机被迫退出了市场。同时，原来美国人发明的汽体打火机也暴露出了很多问题。例如会烧烫用户的手指、开关经常失灵等毛病。而日本丸万汽体打火机正好解决了这些问题，适应了人们对打火机更新换代的要求。于是世界各国的订单像雪片似的向丸万工业公司发来，使这种新型的汽体打火机一直保持旺销的势头，销售量一直保持世界第一。

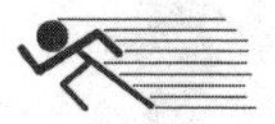

随着时代的发展，丸万工业公司也在不断将产品更新换代，让造型优美的汽体打火机能够在各种恶劣环境下使用，最终在全球范围内培养了大批忠诚客户。

求新求变是人们的普遍要求。从模仿入手然后再来求新求变，创造出更新更好的产品，往往就能取得事半功倍的效果。新东方就是这样成长起来的。同样，日本丸万汽体打火机也是从一种模仿到创新的新产品。

4. 创业结果：
让奋斗的人生鄙视虚度的人生

今天很残酷，明天更残酷，后天很美好，但是大多数人死在明天晚上，看不到后天的太阳！

——马云

12年前借钱到吉林长春赤手空拳打天下，12年后拥有上千万元资产，她的名字听起来让人想到美丽的天空——蔚蓝。

1992年，蔚蓝毕业于齐齐哈尔师范学院，大四实习时她来到长春工作，后来她发现长春的美容院生意十分红火。于是，她决定创业。

然而，蔚蓝的想法受到家人的极力反对，“大学毕业的大姑娘怎么能去干那种伺候人的活儿？”尽管如此，蔚蓝却始终坚持自己的想法，因为她心里明白，如果先找工作再去创业，机会就会从手中溜走。

蔚蓝借来10万元钱，开了家30多平方米的小型美容院。一开始做的半年并不赚钱，但蔚蓝并不气馁。她认为赚钱与做事业绝对是两个概念，“如果没有承担风险的能力，就不要做企业”。在从事美容行业的过程中，蔚蓝始

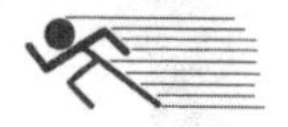

终坚持自己的价值观和经营理念。那就是“为客户负责，就是为自己事业负责”，不向客户推销那些没有用的、对身体有副作用的产品。

迈过初期艰难的起步阶段，1994年蔚蓝收回了首批投资，接着她又开了一家比较大的店。2002年，蔚蓝成立了公司。经过市场调研和慎重考虑，蔚蓝决定做一个新项目，她花了大批资金采购新设备。没想到新店开张不久就赶上非典，短短几个月一点生意都没有，赔进200多万元。“那时我告诉自己，一定要挺过来。企业随时随地会遇到麻烦，对事业中的波折起落，一定要用正常的心态来面对”。令蔚蓝感动的是，在她最困难的时候，朋友和银行给了她许多支持，让她渡过了难关。

非典过后，蔚蓝的公司重新步入正轨，来她公司做美容的客户络绎不绝。很多年轻创业者经常向蔚蓝取经，蔚蓝对他们说：“谁创业成功，谁就是佼佼者。用自己的方式做，做到最好，在所在的领域内，做到没有人可以替代你，你便离成功不远了。要相信自己是最棒的！”

创业的结果，就是让奋斗的人生鄙视虚度的人生。蔚蓝靠白手起家，通过10多年的打拼，最终成就了一番事业。

农家出生的鲁冠球，也是通过不断的奋斗才成就一番事业的。

1945年鲁冠球出生在浙江省萧山区宁围镇一个普通的农民家庭，在他16岁的时候，他最大的愿望是在国营工厂里当一名工人，过上体面的生活。然而由于种种原因，鲁冠球的愿望没能实现。

迫于生计，鲁冠球借钱在村里办了一家米面加工厂。后因被人指斥为“办地下黑工厂”，工厂被关闭，机器也被廉价拍卖。为了偿还债务，鲁冠球不得不将刚过世的祖父遗留下的三间旧房变卖还债。这一次创业几乎使他倾家荡产。

不久后，鲁冠球又卷土重来办了一家铁匠铺，专门给乡亲们打磨镰刀、

锄头，很快生意就红火起来。1969年，当地政府要求每个城镇都要有农机修理厂，鲁冠球趁机接管了已经破败的宁围公社农机修配厂。随后10多年时间，鲁冠球依靠作坊式生产，拾遗补缺，生产犁刀、铁耙、万向节、失蜡铸钢等五花八门的产品。这种“多角经营”，为他完成了最初的原始积累。

1978年春，鲁冠球的工厂已挂上了宁围农机厂、宁围轴承厂、宁围链条厂等多块牌子，员工也达到了300多人。后来，看到中国汽车市场逐渐起步，鲁冠球调整公司产品结构，集中力量生产汽车零配件万向节。万向节是汽车传动轴和驱动轴的连接器，像一个十字架，大的长度近一尺，小的长不过一手指，4个头的横断面平光如镜子，只要磨掉坏一点就要换新的。当年秋天，鲁冠球将工厂改名为萧山万向节厂（即今天万向集团的前身）。

在1980年的全国汽车零部件订货会上，鲁冠球因没有预订展位被拒绝入场。但是鲁冠球并不放弃，他在会场外摆起了地摊，以低于场内20%的价格，销售自己的高质量产品。很快有不少厂家涌到场外跟他交易。最后，鲁冠球获得了210万元的万向节定单，从此闻名业界。

凭借着不断奋斗的精神，鲁冠球从胜利走向胜利，他的公司发展成为中国第一个为美国通用汽车公司提供零部件的OEM、第一家进入国务院试点企业集团的乡镇企业、第一家拥有国家级技术中心的乡镇企业。1994年，鲁冠球创办的集团核心企业万向钱潮股份公司上市。

阿里巴巴集团创始人马云说过：“今天很残酷，明天更残酷，后天很美好，但是大多数人死在明天晚上，看不到后天的太阳！”这是很多创业者正在经历或者将要经历的事情，人们一但创业，什么困难都有可能遇到。如鲁冠球首次创业失败，几乎倾家荡产；蔚蓝创业开办美容院，遭遇非典、亏本等。困难之下，创业者唯有摆正心态，不断奋斗、不断求索，才能绝地逢生，找到新的出路。

5. 快乐在于征途，奋斗的人儿最美丽

世界上最快乐的事，莫过于为理想而奋斗。

——苏格拉底

奋斗之乐在哪里？乐在对事业的执著追求。太阳纸业董事长李洪信就是这样阐述他的快乐的。

1982年，李洪信带着全村父老乡亲的嘱托，靠3万元贷款起家创办了一个小造纸厂。面对重重困难，李洪信以苦为乐，用积极的心态鼓励大家坚持下去。通过近30年的艰苦创业，太阳纸业一跃发展成为集造纸、化工、外贸、电力、科研、林纸、投资为一体的纸业生产基地。

李洪信说："企业要发展，人才是关键。"为了吸引人才，李洪信提供了各种优厚条件，组建了强有力的高层管理机制和高科技人才队伍，大批中高级专业职称的技术人员纷纷加盟。此外，李洪信还成立了博士后科研工作站和院士工作站，并在巴黎、北京和上海浦东设立了高科技研发中心。

有了高级人才，还需要有优质的产品。李洪信带领技术队员，先后研发

了高档涂布包装纸板、高档工业用原纸、高级文化办公用纸等三大系列150多个品种。这些产品畅销全国各地，并在欧美、非洲、东南亚等十多个国家和地区建立了稳定的贸易合作伙伴关系。

成功之后的李洪信亦不失其艰苦创业的本色，不断为社会作贡献。太阳纸业不但为当地解决了一些人的就业问题，还为当地经济发展作出了贡献。

后来，太阳纸业进入中国企业500强。李洪信要有更远大的“企业之梦”，那就是要打造“持续发展，世界一流”的造纸企业。李洪信认为，企业要受人尊重，企业人要受百姓爱戴，首先要为百姓造福，为客户提供价值，为社会分担责任。

为理想而奋斗，是世界上最美好的事情之一。在成功的征途上，要知道自己真正想要做什么，即使道路艰辛，也要锐意前行。顾宇航就是抱着这样的梦想，走进了《赢在中国》节目。

“那一天/我不得已上路/为不安分的心/为自尊的生存/为自我的证明/路上的辛酸已融进我的眼睛/心灵的困境已化作我的坚定……”刘欢演唱的《在路上》这首歌，随着创业节目《赢在中国》走进了千家万户。

有一年，顾宇航怀着激动的心情带着自己的“污水处理及回用技术”，去参加了《赢在中国》创业大赛。“该技术能令废水得到回用，成本甚小，如广泛投入使用，开展后收获利润将高达上千万元。”虽然在比赛中，顾宇航将承载他全部梦想的计划向评委和盘托出。但由于种种原因，他最终没能在比赛中胜出，没能通过参赛找到企业发展所需的资金。尽管如此，顾宇航依然坚持自己的创业项目。

顾宇航的公司位于成都市马家河二组、金花堰沟渠旁边。公司里最显眼的莫过于一个污水处理池，那是一个大约四平方米的长方形坑道。污水处理池的另一端则直接与金花堰沟渠的一条支流相连。沟渠内浑浊乌黑、漂浮着

生活垃圾等杂质的污水直接流进了污水处理池。经过一系列复杂的水质处理之后，清凉干净的水源源不断地流进了花园式水台。

对于经过处理的水，工作人员正在进行化学需氧量COD测试，顾宇航说："这测量的是水中的COD（生化需氧量），国家指标为100，而经我们的技术处理，水质大大超过一级标准，COD指数仅为20左右。"

经过几年摸索，顾宇航公司的污水处理技术愈发成熟，处理成本也降到合理的范围。不久后，成都市政府加大了污水的整治力度，顾宇航的公司也成为重点扶植的对象。

有了政府的利好政策和资金扶植，顾宇航的公司年利润得以迅猛增长。下一步，顾宇航还打算在全国范围内推广这种"污水处理及回用技术"，重塑绿水绕城的梦里水乡，打造和谐美丽的人居环境。

古希腊思想家、哲学家苏格拉底睿智地指出："世界上最快乐的事，莫过于为理想而奋斗。"李洪信创业之初，步履维艰，但是为了"企业之梦"奋力前行、以苦为乐，最终收获了奋斗的喜悦。顾宇航研发"污水处理及回用技术"，不断摸索、不断奋斗，慢慢把事业向前推进。

6. 目标可以很遥远，但奋斗的快乐却无处不在

真正的笑，就是对生活乐观，对工作快乐，对事业兴奋。

——爱因斯坦

那是一个寒冷的冬天，北风呼啸而过，草木凋零衰败。在阴沉沉的天空下，广州一栋居民楼里，一名女子一手抱着1岁多的女儿，一手提着折叠婴儿车下了楼梯。她和女儿在楼下的快餐店里匆匆吃着早餐，然后她就把女儿放到婴儿车里，推着去上班。上班的地方距离她们住的地方有一段路程，所以她们每天都要来回往返很多次。街上车水马龙、灰尘滚滚，女儿在一次检测中还被发现体内重金属元素含量有超标的迹象。

这名女子叫袁珍金。1984年袁珍金生于广东韶关，2007年她从“中国第一侨校”暨南大学毕业后，先后在出版社、图书公司、珠宝公司、服务咨询公司工作过。袁珍金也创过四次业，有两次都因为经验不足失败了。

袁珍金要带着1岁多的女儿去上班，实是无奈之举。她深知在一线城市养家糊口的不易，因此不想让爱人一个人挣钱养家。孩子的爷爷奶奶年迈体

弱，不能再帮她带孩子了；孩子的外公外婆适应不了大城市的快节奏生活，他们希望把孩子接回老家照看。最后，袁珍金左思右想，为了减轻家庭负担、为了不让自己的孩子成为留守儿童，她决定带着女儿去上班。

不过，带着女儿去上班也给她带来很多麻烦。有一次，袁珍金正在与一位客户洽谈业务，无暇他顾。结果顽皮的女儿把办公室搞得乱七八糟，客户见状，就随便编个借口离开了。客户跑了，老板看在眼里、痛在心上，就找她来谈话，并发出最后通牒，要么回家带孩子，要么把孩子送去幼儿园。袁珍金不好意思再待在公司里了，毕竟人家这里是公司不是幼儿园。为了保住工作，袁珍金又是上网搜索、又是走街串巷、又是找朋友托关系，寻找家附近的幼儿园，看能否接纳这个1岁半的小女儿。

在寻找的过程中，袁珍金发现广州有很多像她这样的外来务工人员遭遇孩子没有人带的问题。有的人把孩子送回老家一年到头聚少离多，有的人带着孩子上班结果引发诸多不便，有的人做起全职太太导致婆媳关系紧张，有的人带着孩子创业风里来雨里去……这些问题归结于一点，那就是她们整天忙于赚钱养家，没有太多时间陪伴孩子、教育孩子。

袁珍金灵机一动，就开始了第五次创业，她要创办一个教育机构用心培养这些孩子。袁珍金雷厉风行，说干就干。2013年，袁珍金借来了10万元创办了彩狐教育，用心做学前教育。创业之初，由于没有知名度，也没有钱打广告，袁珍金就学着其他培训机构那样打墙体广告。每天晚上，袁珍金和同事骑着自行车到街上去，看到有空的地方，就打上墙体广告。经过一段时间的宣传，陆续有人报名了。

为了让学生们学到更多的东西，袁珍金参考了周边幼儿园的做法，推出了积分榜、学习书柜、成长记录本、彩狐之星评比、作品发表等教学方式。并通过公司微信平台、个人微信平台与家长实时沟通交流，让家长随时随地

都能了解孩子的成长情况。袁珍金说：“做教育就是做心，心成长了，其他问题就自然消失了。”

做早教培训的工作十分辛苦，对于那些1岁多的孩子，袁珍金不仅要教他们学会自理能力、行为规范，还要教他们识字认字、做益智游戏。由于孩子年纪太小，经常会尿裤子、哭闹，袁珍金还要及时做好清洁卫生工作。一天下来，袁珍金和几个同事忙得晕头转向，腰都直不起来。不过，袁珍金对自己的第五次创业总体上还算满意。因为她既可以带别人家的孩子，也可以亲自带自己的孩子，工作虽然苦一点，但是袁珍金爱在其中、乐在其中。

在做了许多年早教培训后，袁珍金培养了一批批学生，他们已经走进了幼儿园、小学、中学。现在，袁珍金只要走到街上就经常被学生们认出来，不时会遇见以前的学生跑过来拉住她的手，礼貌地向她问好。这是袁珍金最幸福、最快乐的时刻。

目标可以很遥远，但奋斗的快乐却无处不在。袁珍金的远大目标是：有一天她能创办一家幼儿园，帮助更多的家庭解决孩子的学前教育问题。虽然离目标还很远，但是袁珍金已经在不断奋斗求索，并享受着奋斗中的快乐。

护士陈敏也是一个热爱工作、享受工作的“乐天派”。

7时45分，离上班时间还有15分钟，陈敏就提前来到科室，穿好护士服，戴好燕尾帽，开始了全新一天的工作。她走进病房，和其他护士一起开始了对病人进行晨间护理。她走进病房，问候患者，开窗通风，帮病人整理用品放于适当处，更换床单、被套以及协助生活护理等，阳光照进病房，透出浓浓的生命气息。

晨会结束后，在护士长的带领下，陈敏同夜班护士进行交接班、巡视病房。不久后，陈敏开始进行静脉输液或更换液体。陈敏按治疗班配好的药物，准备好病人的第一组注射用药，严格按照操作规程开始为病人输液。有

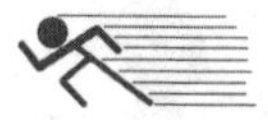

些老人的手臂上静脉比较难找，陈敏就会一边问候老人，一边耐心寻找注射点；有些小孩看到要打针就哇哇大哭，陈敏就逗孩子玩，让孩子放松情绪，然后在孩子不知不觉间娴熟地系好止血带、消毒、进针，一针见血、穿刺成功。

输液结束后，陈敏再一次巡视病房，不停地在各个病房间穿梭。刚做完手术的病人，身体十分虚弱，陈敏就搀扶着病人回到病房。然后，陈敏遵医嘱连续为患者测量血压。她还要及时清洗患者切口处的碘伏消毒液，遵医嘱为病人给氧或进行心电监护等。

中班交接班的时候，陈敏终于可以松一口气，休息一下了。很快，下午班就开始了。陈敏又重复着上午的工作。在晚班交接班结束后，陈敏才拖着疲倦的身躯回家。

有一次，一个实习护士直呼患者的床号，结果患者生气了："我是病人不是犯人！"陈敏听到后，马上过去与患者沟通，主动向患者承认错误，并把实习护士带到外面教育。一起潜在的医患矛盾就这样被化解了。

多年来，陈敏在自己的工作岗位上兢兢业业地工作，累并快乐着。每完成一次难度较大的静脉穿刺，每进行一次规范的护理操作，每一次做好护理记录……陈敏都收获到不少患者的感谢，那一声声"谢谢"，就是陈敏快乐的源泉。

"现代物理学之父"爱因斯坦指出："真正的笑，就是对生活乐观，对工作快乐，对事业兴奋。"袁珍金创办早教机构，解决了部分留守儿童的问题，她目标远大，既对生活乐观，对工作快乐，也对事业兴奋。陈敏作为一名普通的护士，她用爱心、细心和责任心为病人服务，书写着白衣天使的风采，通过对患者体贴入微的护理，既收获了感谢，也收获了快乐。

7. 在路上，全力以赴奋斗到底

英雄就是对任何事都全力以赴，自始至终，心无旁骛的人。

——波特莱尔

在大学校园里，有的学生在为学分、考证忙碌不已，有的学生沉醉于与恋人花前月下的美好时光。此时，有一位学生却已经在人生的路上，尝试创业，他就是解砾。

由于家庭原因，在许多“80后”还在父母怀里撒娇的时候，解砾已经开始自己交学费、安排每天的吃喝，对人生很早就有了规划。从踏进大学的第一天起，解砾就开始尝试创业。读大一时，他就买了一台打印机，在寝室里做起了打印生意。虽然赚钱不多，但既方便了同学，也满足了自己基本的生活消费。后来，解砾还在网上卖起了内衣。2009年，他在网上开书店，并集资10万元注册了公司。

机遇总是垂青那些有准备的人。2010年的一天，红桃K集团人事部门通过学校联系上解砾，邀请他来红桃K一趟。解砾应邀前往，当时红桃K掌门

人谢圣明向他抛出橄榄枝，希望解砾能加盟红桃K，复兴红桃K。经过一番考虑，解砾欣然应诺。

2011年3月，红桃K集团出资1200万元收购解砾的公司，解砾个人持股49%，并被聘为集团副总裁。当年6月，红桃K史上最年轻的副总裁解砾走马上任。

为了做好集团日常经营业务，解砾开始“跑起业务来”，有什么能赚钱的小项目，解砾都要收入囊中。当时，解砾跑遍了广州、东莞、中山等地几乎所有的保健品生产商。将集团销售品种扩充到了100多个，跨入了“大保健品”行业。

经过一番摸索，解砾终于理清了集团公司的管理思路。解砾说：“现在，我们管理就是用‘二线一暴’的方法。产品营销的问题用‘群众路线’，调查顾客的需求；研发的专业问题用‘专家路线’，求教于专家；我们开会就用‘头脑风暴’想新的出路。”

在红桃K掌门人谢圣明的大力支持下，解砾担负着复兴红桃K的重任，除了走“大保健品”的路子之外，还要走电商发展之路。面对未来，解砾将会全力以赴、奋斗到底。

格力集团董事长董明珠，之所以获得销售过亿的良好业绩，也是靠着全力以赴奋斗到底的韧劲。

1990年，董明珠南下打工，进入格力电器公司，最初从基层业务员做起。她领到的第一个任务，就是催欠款。刚入行的董明想尽了各种办法，通过40天的死缠烂打，终于追回了欠款。就这样，靠着顽强的奋斗精神，董明珠不断提升个人销售额。1995年，董明珠众望所归，晋升为格力电器的销售经理。

有一年冬天，空调卖不动了，积压在库的空调有近2万套。有人提议降

价促销。但是，董明珠却剑走偏锋，把积压空调全部分摊给每个经销商，抱团过冬。

为了根治经销商拖欠货款的顽疾，董明珠调整了发货政策：凡拖欠货款的经销商一律停止发货，补足款后，先交钱再提货。

习惯赊销的经销商不高兴了，就向格力老总朱江洪告状，有的甚至宣称：“有她没我。”可是，董明珠的回答却是：“那就有我没他。”在董明珠的强硬管理下，格力摆脱了应收账款风险，保证了企业流畅的现金流。

为了提高空调销量，董明珠推出了“淡季返利”和“年终返利”两个销售政策。“淡季返利”即依据经销商淡季投入资金数量，给予相应利益返还。“年终返利”，就是将企业利润还给经销商。结果，在经销商的集体发力之下，格力空调畅销全国。1996年，格力获得15亿元的回款，销售增长17%，第一次超过了春兰空调。

为了稳定市场，董明珠将销量较好的空调品种平均分配给全国各地的经销商，避免大经销商垄断货源。此外，还推出了空调机身份证，使每台空调在营销部备案，随时可查，防止别人以假乱真。

就这样，经过十几年的奋斗，董明珠从一名基层业务员成长为格力集团董事长。现在，董明珠依然不断奋斗着，并做了“中国制造2025”的代言人，带领着格力集团在不知不觉中进入多元化发展时代。

法国著名诗人波特莱尔有言：“英雄就是对任何事都全力以赴，自始至终，心无旁骛的人。”人们只有全力以赴奋斗到底，才能实现梦想，成就自我。解砾做电商时勇于奋斗，最终担负起复兴红桃K的重任。董明珠通过十几年的奋斗，从基层业务员到董事长，全力以赴、奋斗不息，最终成为“最具影响力商业女强人”。

第八章

一千零一个错误，胜过百年龟缩

面临巨大的挑战时，聪明的人会调整期望值，把大目标细化成多个小目标，然后一步一个脚印地接近最终目标。

1．在重大打击面前：沉着应对，转危为机

21世纪，没有危机感是最大的危机。

——理查德·帕斯卡尔

祥龙升腾、雄狮翻滚，一支舞龙舞狮队正在进行翻、滚、跃、蹦、叠等高难度动作。精彩的表演，登时赢得阵阵喝彩。听着台下观众的喝彩声，“狮子王”杨开林的脸上挂满了笑容。

杨开林被乡亲们称为“狮子王”，是宜昌市第六批非物质文化遗产代表性项目传承人。他领队的龙狮有着“宜昌第一龙、第一狮”的美誉。杨开林一心想振兴传统文化，发挥舞龙舞狮队的社会效应，可是随着农村城市化，乡村龙狮艺人越来越少，这让“狮子王”杨开林面临了后继无人的窘境。

为了保留传统文化的血脉，杨开林决定化危机为机遇，购置了龙狮道具，建立了训练场地，聘请一批龙狮老艺人成立伍家民间艺术团、龙狮协会，先后揽聚了多支特色队伍。然后，他对这些队伍分别进行活动训练，再集中宣传策划推出。

经过几年的苦心经营和不懈训练，杨开林的舞龙舞狮队开始崭露头角。

伍家龙狮连续多年参加宜昌市元宵文艺汇演，多次参加宜昌市国际龙舟拉力赛开幕式、长江三峡国际旅游节开幕式等市级重大活动。每年他们都积极参加各级龙狮竞赛活动。像春节、元宵，龙狮大拜年、龙狮环乡行、龙狮展演闹新春等活动都有他们的精彩演出，极大地丰富了人民群众的文化生活。

杨开林认为舞龙舞狮要从娃娃抓起。于是他们进校园、进社区，建起5支少儿龙狮队。为了让舞龙舞狮队持续经营，杨开林千方百计增加队伍的收入。他认为："只有以队伍养队伍，让队员有收入，才能留住人才传承技艺。"

后来，杨开林通过不断业务拓展，获得了越来越多的表演机会。伍家龙狮已形成一定的品牌效益，并拥有稳定的营销网络。原来没收入的时候，年轻人不愿意学这些舞龙舞狮的技能；现在有了市场有了收入，不少年轻人纷纷报名，杨开林再也不用担心后继无人了。

面对重大的打击或挑战时，需要沉着应对，方能"转危为机"。在舞龙舞狮这一传统文化遭遇发展困境时，杨开林逆势而上，买道具，建场地，搞培训，很快就拉出了像模像样的舞龙舞狮队。后面，他又引入市场机制，树立品牌，构建营销网络，最终获得了源源不断的发展资金。

危机来了，千万不能坐以待毙，而是要将危机巧妙地转化为机遇。市场瞬息万变，如果企业不能与时俱进，再大的品牌也有失败的时候。我们来看一下诺基亚和爱立信的例子。

2000年的一天，美国新墨西哥州大雨滂沱、雷电交加。雷电引起电压陡然增高，不知从哪里迸出的火花点燃了荷兰"飞利浦"在美国的一家芯片厂的车间。工人们虽然奋力扑灭了大火，却无法挽回火灾带来的损失。

这场持续了10分钟的火灾影响到远在万里之外欧洲两个世界上最大的移动电话生产商——诺基亚和爱立信，因为这家工厂40%的芯片都由诺基亚和

爱立信订购。火灾发生以后，处理无线电信号的RFC芯片一下子失去了来源。

第二天，飞利浦方面就发了加急传真给诺基亚和爱立信两家大客户，说明缘由，并表示芯片生产要推迟至少一个月。

在这场突出其来的天灾面前，诺基亚和爱立信分别是怎么应对的呢？

爱立信在收到火灾消息后，并没有加以重视，而是老老实实等待对方延迟交货。当时对爱立信来说，火灾就是火灾，没有人想到它会带来多大的危害。

与行动迟缓的爱立信形成鲜明对比的是，诺基亚收到火灾消息后，非常重视，每天询问飞利浦公司工厂恢复的情况，而得到的答复都含糊其辞。情况迅速反映到了诺基亚公司高层，诺基亚负责零部件供应的官员立即乘坐当天的班机飞到这家飞利浦工厂，要亲自督战手机芯片的生产制造。

到了工厂后，该官员就与工厂负责人商量："现在，你们烧坏的库存芯片和在制品的芯片有多少？我们全要了！还有，您能否把没有烧坏的设备搬到别的飞利浦的工厂，然后把材料、工人都转移到那家工厂，立即开始生产呢？2个星期后，我们要100万块手机芯片。"

该工厂正愁着无法翻身，现在诺基亚送来了100万的芯片订单，简直是雪中送炭。于是他们马上按照诺基亚的要求转移工厂，并开足马力加速生产。

为了加快制造进度，诺基亚公司高层还指示研发部门，迅速改变设计和制造工艺要求，在亚太区的日本和中国上海寻找新的芯片供应商开始试生产，将新品推出和芯片新供应商的寻源工作一并推进。

就这样，诺基亚通过积极补救，他们的手机芯片只断货了两个星期；而爱立信没有其他公司生产可替代的芯片，在市场需求最旺盛的时候，爱立信

公司由于短缺数百万个芯片，一款非常重要的新型手机无法推出，眼睁睁地失去了市场。

哈佛商学院教授理查德•帕斯 卡尔坦陈：“21世纪，没有危机感是最大的危机。”杨开林具有强烈的危机意识，在经营舞龙舞狮队的过程中，抓住了艺人培养和市场收入这两个关键点，最终靠收入吸引艺人，靠艺人发展传统文化。面对天灾，诺基亚和爱立信的不同应对方式导致了不同的结果，诺基亚转危为机，赶超竞争对手；而爱立信坐失良机，痛失市场。

2. 调整期望值：把大目标化成多个小目标

要有生活目标，一辈子的目标，一段时期的目标，一个阶段的目标，一年的目标，一个月的目标，一个星期的目标，一天的目标，一个小时的目标，一分钟的目标。

——托尔斯泰

怀着留学梦，小X开始积极备战TOEFL和GRE的考试，因为英语基础不好，他在培训学校报班，苦学英语。一天上课时，老师在课堂上说：

“做任何事情，无论它多么难，你只要做好我所说的两步法，你就一定会成功。这个两步法就是：第一步，努力每天比别人多做一点。第二步，把一个高的目标分成几步来走。”

听了老师的话，X同学对于留学美国更有信心了。小X是一名中专毕业生，他原本在山西一个小县城的政府部门工作，工作两年以后，他觉得自己的工作平平淡淡，这不是他想要的生活。于是，他就背着个破书包来到了北京。在北大旁边租了个小平房，开始自学高考。

通过坚持学习，小X成为北京大学的自考生。毕业后，在老师的建议

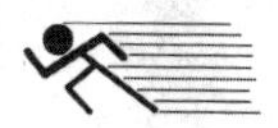

下，他又经过两年艰苦的努力，考上了北大政治系的研究生。在北大上了3年研究生后，小X只想毕业后留在北京工作，为社会多做一些事情。并没有想到要去国外留学。但是在上班的时候，看到周围的同事都有留学进修的打算，他也想出国留美。出国留学，就要通过TOEFL和GRE的考试。

确立目标后，小X将出国留学的目标分成英语考试、专业课复习、联系大学和办理签证等几个步骤。他边工作边学习，经过2年多的精心准备，他顺利通过了TOEFL和GRE英语考试，具备了出国的最基本条件；在专业课方面，他积极请教名师，进步极快；在联系大学方面，一开始他只是想联系美国的普通大学，但在朋友们的鼓励下，他有了联系好大学的想法。抱着试试看的想法，他开始联系哈佛、耶鲁等学校。最后他被哈佛大学录取了。但是哈佛大学没有给他奖学金，于是他又到处借钱做自我担保。在申请签证时，美国签证官一看他是去哈佛大学读书，只例行公事问了他几个简单的问题就给了他签证。

因为没有奖学金，小X到了哈佛以后过得很艰苦。第1年，他拼命地学习，结果成绩优异，第2年哈佛大学就给了他奖学金。1999年7月的时候，他以优异的成绩从哈佛大学毕业，并服务于世界级大型金融机构。

面临巨大的挑战时，聪明的人会调整期望值，把大目标细化成多个小目标，然后一步一个脚印地接近最终目标。就读哈佛大学的小X就是这样走出来的。罗伯·舒乐博士在身无分文的情况下，建造一座水晶大教堂，他是怎么做的呢？

1968年的春天，罗伯·舒乐博士立志在美国加州用玻璃建造一座水晶大教堂。然而，罗伯·舒乐博士虽然理想远大，却身无分文。

没有钱怎么建水晶大教堂？罗伯·舒乐博士想到了吸引民间捐款的方法，要想吸引民间捐款，教堂设计一定要有足够的魅力。于是，罗伯·舒乐博士向著名的设计师菲力普•约翰逊表达了自己的构想：“我要的不是一座

普通的教堂，我要在人间建造一座伊甸园。”

当约翰逊问起预算情况时，罗伯・舒乐博士坚定而明快地说：“我现在一分钱也没有，所以100万美元与1000万美元的预算对我来说没有区别。重要的是，这座教堂本身要具有足够的魅力来吸引捐款。”

菲力普•约翰逊很快就明白罗伯・舒乐博士的意图，于是他精心设计了一座前所未有的水晶教堂，结果这座教堂的预算造价也是水涨船高，最少要花700万美元。

如何实现这么高的捐款目标呢？罗伯・舒乐博士在一张白纸上写下了自己实现目标的“奇特”计划：寻找1笔700万美元的捐款；寻找7笔100万美元的捐款；寻找14笔50万美元的捐款；寻找28笔25万美元的捐款；寻找70笔10万美元的捐款；寻找100笔7万美元的捐款；寻找140笔5万美元的捐款；寻找280笔2.5万美元的捐款；寻找700笔1万美元的捐款。

他把700万美元捐款这个大目标，一次又一次地分割成更小的目标，最终分割到1万美元的捐款。他认为，每次募捐1万美元，这个目标是比较容易实现的。就这样，罗伯・舒乐博士开始了苦口婆心、坚持不懈的漫长募捐生涯。他1万美元1万美元地募捐，一点一滴地筹集。历时12年，一座最终造价为2000万美元、可容纳1万多人的水晶大教堂竣工了。最后，这座水晶大教堂成为世界建筑史上的奇迹，也成为世界各地前往加州的人必去瞻仰的胜景——名副其实的人间伊甸园。

俄国文学家、思想家托尔斯泰告诫人们：人一定要有生活目标，而生活的目标，可以分解为一辈子的目标，一段时期的目标，一个阶段的目标，一年的目标，一个月的目标，一个星期的目标，一天的目标，一个小时的目标，一分钟的目标。可见，再伟大的目标也是由一个又一个小目标积累出来的。小X通过分解目标、逐一落实，最后从中专生变成了哈佛毕业生；罗伯・舒乐博士将捐款总额不断分解、细化，通过不懈的积累，终于筹集资金建成水晶教堂，创造了世界建筑史上的奇迹与经典。

3. 只有不断试错，才有成长的可能

> 什么叫常胜将军，你的胜占51%，你的败占49%，不能败得比胜得多，所谓的常胜将军是没有的。我们通常都是事后以成败论英雄，所以实际上你更多看到的过程，是不断地试错。
>
> ——王石

午休时间，一个学生躺在宿舍的床上，他点开手机里的软件，叫上一份外卖。不多会儿，就有人把午餐送过来了。别的同学还在饭堂里排队打饭的时候，他已经吃上饭了。

“丁丁的骨头”这个外卖项目，是杭州大学生丁思翔和他的团队创造出来的。丁思翔读大三时，进入一家公司实习。当时丁思翔拿着很低的工资，为了避免成为“月光族”，他不得不天天中午点盒饭外卖。但是，点盒饭外卖也经常会遇到种种不便，有时候没有喜欢的饭菜可点，有时候点餐后迟迟送不过来。有一天，丁思翔突发奇想，能不能自己做个外卖项目呢？

实习回来之后，丁思翔就去学校周边实地考察。他发现学校周边有很多小吃店、饭馆已经开展了外卖业务，但它们的服务半径、派送速度、卫生情况却还不尽如人意。同时，网上百度、淘宝等大品牌也纷纷开始做外卖，这牵动着丁思翔的心：此时候不行动，更待何时？

说干就干，丁思翔找来几个志同道合的小伙伴开始创业，丁思翔想开办这样一家外卖店：既能为大学生提供高性价比的外卖，又能准时准点送达，而且有多种类型可以选择。他们马不停蹄地开始筹备，租店面、请师傅、做菜品、搞培训、做宣传，一切都进行得井井有条。很多同学都下载“丁丁的骨头”手机订餐软件，以备不时之需。丁思翔将手机软件作为下单平台，将店面作为销售及备餐区域，旁边的大学城为他们提供了稳定的客源。

很快，百度外卖、饿了么网上订餐等020外卖平台纷纷进入大学城大力推广，各种现金补贴、奖品补贴层出不穷。发现巨头杀到，丁思翔想跟他们打价格战，结果自己越打越没有订单。最后，丁思翔恢复了原来的价格，并专注于提升菜品质量和配送速度。受惠于当时各大平台的激烈火拼“丁丁的骨头”，每天营业额都有稳定上升。

但不久，他们又犯起了愁。营业额虽然上去了，但第三方平台从不公布CRM（客户关系管理）数据，使得他们对顾客的了解仅仅停留在送餐地址及电话号码上，其他信息一无所知。这种结果将会导致在平台补贴结束后，没有忠诚度的顾客会流失，店铺营业额出现下滑，而他们无法迅速找到解决办法。

为了增强对客户的了解，丁思翔推出了微信订餐平台，时刻与客户进行互动交流，倾听客户意见。以前，丁思翔对顾客的了解仅仅停留在送餐地址及电话号码上。现在通过照片和小视频，丁思翔知道了同学们为什么订餐、喜欢在哪里吃、怎么吃等更多信息。

经过一段时间的用户分析，丁思翔发现自己犯的一个错误，那就是过分推崇单一品类。虽然单一品类看起来有较低的成本、较低的损耗率，可是主要受众更愿意选择能填饱肚子以支撑一天学习或工作的饭类套餐。

针对这个反馈结果，“丁丁的骨头”迅速拓展了骨头饭的类型，并将特色小吃按照口味搭配成套餐销售，结果大受欢迎。不仅校内学生的订单直线上升，而且带动了特色小吃的销售，提升了每单的销售额。

自从增加了品类、拓展了平台，外卖店的生意逐渐走上了正轨。有一次，连续几天暴雨，学生不愿出门，使外卖订单爆增。但是“丁丁的骨头”之前并没有准备任何订单突增预案，“爆仓”就这样华丽丽地来了，送达晚点的投诉单如雪花般飘来。丁思翔和小伙伴们赶紧招聘了新的外卖员，以解决配送速度的问题。后来，为了进一步增加菜品种类，他们还与一些快餐店达成合作，推出“线上订包间，线下享优惠”活动，与合作店铺形成双赢。

只有不断试错，才有成长的可能。丁思翔的“丁丁的骨头”，在创业初期阶段犯了价格战、菜品单一、配送晚点等错误，最后通过与客户的互动交流，真正了解客户需求，不断调整、不断发展壮大。

万科创始人王石，不愿搞“多元化”，也是在不断试错之后总结出来的经营之道。

王石进入房地产开发领域时，很多企业都在搞“多元化”，王石却反其道而行之。他卖掉万科蒸馏水公司、零售公司、拍电影的公司、做广告的公司、做商业礼品的公司，最后做成一个专业房地产公司，不断推动中国城市住宅产业的发展。

王石为什么要这么专注做地产呢？这要从他复杂的创业经历说起。

1980年王石参加某部门招聘考试，最后进入了广东省外经委，负责招商引资工作。6年后，他到深圳发展。王石的第一桶金是靠做饲料中介商时倒卖玉米得来的，前后赚了300万元。接着，王石开办了深圳现代科教仪器展销中心，从此他经营从日本进口的电器、仪器产品，同时还搞服装厂、手表厂、饮料厂、印刷厂等等。

一开始什么都做，可是哪一个都没法做大，都有被别人吃掉的危险。最后，王石决定专注做地产。

1988年，王石将企业更名为“万科”，并出任万科公司的董事长兼总经理。当年11月，万科就拍得了深圳威登别墅地块，开始涉足房地产业。经过3年专注做地产，万科获得了飞速发展。1991年1月，万科正式在深圳交易所挂牌上市。在众多地产大腕的众多公司中，万科是最早完成股份化、完成上市的。

王石告诫我们，所谓的常胜将军是没有的。很多创业过程，都是在不断地试错。在奋斗的路上，唯有不断试错，才有成长的可能。“丁丁的骨头”手机外卖平台从不断试错中完善自己，丰富自己，成就自己；王石在创业过程中，也是在不断试错，他不断收缩业务范围，最终聚焦地产、专注发力，铸造辉煌。

4. 退一步不是海阔天空，而是万丈深渊

一个人绝对不可在遇到危险的威胁时，背过身去试图逃避。若是这样做；只会使危险加倍。但是如果立刻面对它毫不退缩，危险便会减半。决不要逃避任何事物，决不！

——邱吉尔

夜幕降临，人们纷纷回到温暖的家。一个20岁左右的青年仍旧站在空荡荡的舞台上，反复练习新学的段子，直到练得嗓子嘶哑、舌头不住地打颤才停下来。朋友们看不下去了，私下劝他，不就是为了混口饭吃吗，没有必要这么拼命。朋友们的心意他领了，可是第二天他仍旧拼命地记录、背诵、练习各种各样的传统段子。那个年轻人就是郭德纲。

郭德纲21岁那年从外地来到北京拜师学艺，却四处碰壁。为了生存下去，郭德纲和几个朋友成立一个小俱乐部，靠在街头卖艺混口饭吃。郭德纲经常在晚上出来，边练习边演出，碰到好的听众还能收到一点辛苦钱，碰到嫌吵闹的街坊就要被赶走了。整整1年，郭德纲不断地变换地点、不断地练

习，他没看过一场电影，没逛过一次街，甚至没能好好睡上一觉。

可命运似乎总爱和努力的人开玩笑，失败一次次降临，成功成了遥不可及的目标。默默耕耘、无人问津的日子过得异常苦闷。有一次，郭德纲像平时一样练习到深夜才骑着自行车回家。可是刚骑出没多远，自行车坏了。午夜的街道上，公交车已经停运，而且他也没有钱坐出租车。这时，天上下起了雷阵雨，郭德纲考虑到第二天下午还有一场重要的演出，就顾不了这么多了，他把自行车扔在路边，硬着头皮向郊外的出租屋跑去。

淋了一夜的雨，第二天早上郭德纲发起了高烧，他心里清楚，这样下去非出事不可。于是，他勉强支撑起身体，翻箱倒柜地找出一个破传呼机，拿到街上卖了十多块钱，买了两个馒头和几包感冒药，硬是挺了过去。下午，面色蜡黄的郭德纲打起精神来到演出舞台上，用一串串连珠妙语，逗得观众们乐开了花。一无所有的他硬是靠着这股倔劲在竞争激烈的北京站稳了脚跟。

在一次比赛里，郭德纲的自信从容、诙谐幽默引起了著名相声演员、表演艺术家侯耀文的注意。侯耀文通过别人婉转地表达了自己想收他为徒的意思。当郭德纲听到有大师愿意收自己为徒，顿时百感交集，像孩子一样放声大哭起来。

几年以后，在名师的指点下，再加上自己的勤学苦练，郭德纲已经红透了大江南北。有记者把他当年的这些故事挖掘出来，问他为什么能坚持到现在。郭德纲微笑着回答道："我小的时候家里穷，那时候在学校一下雨，别的孩子就站在教室里等家人送伞。可我知道我家没伞啊，所以我就顶着雨往家跑。没伞的孩子你就得拼命奔跑！像我们这样没背景、没家境、没关系、没金钱的一无所有的人，你还不拼命工作，拼命奔跑，那活着还有什么意思？"

在困难面前，越退缩越危险，最后往往会不知不觉陷入无路可走的绝境。此时，退一步并不意味着海阔天空，相反，很有可能会落入万丈深渊

柯达曾经是世界上最大的影像产品供应商，因为在时代发展面前退缩不前，最终申请破产保护。

20世纪七八十年代，柯达几乎垄断了摄影市场。在人们心目中，柯达似乎是永不会倒的品牌，是胶卷界的“黄色巨人”。整个公司权力高度集中，作为创收大头的胶卷部门在公司内占据龙头老大的地位。柯达公司从上到下都志得意满，对柯达的品牌充满信心。

在巨大的成就面前，该公司的管理层固步自封。在数码时代尖船利炮的围攻下，柯达死守着胶卷市场，导致自己被拖入万劫不复的深渊。

70年代遭遇富士等日本公司竞争时，柯达就表现得傲慢笨重。比如洛杉矶奥运会竟然轻易让富士夺得广告赞助权，很快被富士夺去半壁江山。数码相机出现以后，柯达技术上并不落后。早期的数码相机功能一度领先市场。但是，公司的管理体制决定了资源配置的决策重心仍在胶片部门。管理层认为数码相机只是改变了摄影的手段，人们仍然需要胶卷冲印照片来保存记忆。所以80年代仍在并购公司，进一步巩固胶片市场的绝对统治地位。90年代虽然开始发展数码产品，但资源投入却十分有限，比如营销的开支仍然偏重胶片。甚至一直到2003年还在中国投入资金开设8000家冲印中心，试图以中国的市场来挽救胶片营收的衰退。与此同时，柯达以往一家独大，胶卷利润率曾高达70%，因此对成本控制从不重视。到后期利润大幅降低，必须裁员关厂降低成本时，却受到资深员工的顽强抵制，幅度和速度都远远不够。再加上百年老店都共有的退休人员开支日益沉重，也加剧了柯达的困境。

有专家总结到：“柯达在1935年推出了柯达彩色胶卷，但直到2009年才因为数码照相机广泛使用而停止生产。这个转型期过渡得太慢，是导致柯达这家百年老店走向衰落的关键。”

柯达在胶片市场的成功，使它陷入了“能力陷阱”。原有的管理体制、资源配置、决策方针、组织结构，乃至企业文化，促成了柯达的战略竞争优势。但一旦时过境迁，核心能力就成了核心僵死，构成了“能力陷阱”，阻碍企业改变战略，改变商业模式。柯达的笨重体制完全无法适应竞争激烈的数码市场，以致一败再败。

英国政治家邱吉尔曾一针见血地指出，人们如果直面危险，危险将减半；如果逃避危险，危险就会加倍。郭德纲直面人生、克服困难，永不退缩，最终成为相声演员、电影演员及电视节目主持人。在时代变革面前，柯达的固步自封，最终导致这个昔日的“黄色巨人”倒下。

5．所有的悲伤，都是磨练意志的神曲

意志是每一个人的精神力量，是要创造或是破坏某种东西的自由的憧憬，是能从无中创造奇迹的创造力。

——莱蒙托夫

2010年，王强所在的房地产中介公司破产了。突然失业，每月还要承担房租、伙食费等各项开销，王强的生活顿时窘迫起来。

站在人生的十字路口，王强有些茫然。摆在自己面前的路并不多，一是去别的中介公司继续干销售，二是只能自己创业了。到底是继续打工还是选择创业，着实让王强苦恼了一阵子。

再三思量，王强决定创业。创业的话，首先需要找到合适的项目，在网上和实体店进行了一番对比、考察后，王强觉得甜甜圈项目很有前景。在与妻子商量并取得同意后，王强决定开一家甜甜圈甜品店。

刚刚涉足一个全新的行业，为了保险起见，王强边参加培训边寻找店面。他找了整整2个月，期间筛选过很多铺子。王强觉得创业真不是一件容

易的事，比打工复杂多了，每迈出一步都要磨练自己的意志。

好不容易找到合适的店铺，马上进入装修阶段，因为资金紧张，王强为了节省装修的钱，大大小小的装修材料都要亲自跑到装饰市场采购。装修工人都说他小气，他也不去与他们争辩什么，要知道现在可不是“大气”的时候。

开业那天，没有鞭炮、没有花篮，王强的小店就这样静悄悄地开张了。由于是新店，很多客人都是好奇地进来转了一圈就走，并没有什么生意。线下生意受挫，王强就在线上推广业务。当时团购网站很火，王强就联系各家团购网站，希望能合作。然而，那些团购网站并不看好这家新开张的无名小店。

可是王强不气馁，他一家一家去找这些团购网站谈合作。可是几个月过去，依然还是没有什么进展，店里一整天几乎没有客人，夫妻俩坐在店里面面相觑，感觉很滑稽。后来，妻子有些动摇了，她想再坚持1个月，如果还是没有生意，不如关门大吉，还图个清闲。可是，王强知道创业没有回头路，只要有一点点希望，他都要坚持下去。

有一天中午，美团网打来电话，要王强上传店铺的相关信息，好加入美团网的团购活动中。原来，美团网的业务员在无意中发现了王强的店，觉得很有特色，就报着试一试的想法给了他参加网上团购的机会。

王强喜出望外，马上在网上做好店面介绍、产品介绍，上传图片和相关资质文件。下午就陆续收到了几笔订单。

发现网上业务有发展空间，于是，王强不断加大网上推广力度。他先后在淘宝上开设了店铺、开通了新浪微博、微信私人账号和公共账号，不断分享甜甜圈产品照片、小视频，为自己的店铺吸引来更多的人气和订单。

没有奋斗，就没有精彩的人生；没有悲伤，就没有忆苦思甜的资本。

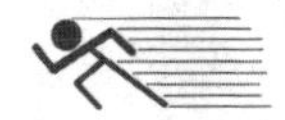

在奋斗的道路上，所有的悲伤都是磨练意志的神曲。王强失业后，创办甜甜圈甜品店，他费尽心思选址、装修、经营，这个过程虽然艰难，但是他不气馁、不放弃，最终通过网络营销实现了成功突围。

2004年，邹华从上海某大学本科毕业后，继续攻读研究生。到了2006年，他所研究的课题因导师的突然离职而被迫中断。骤然遭遇如此变故，邹华痛苦不已，他向校方提出休学一年，想借这段时间调整一下心情。没想到祸不单行，就在邹华休学不久，他的母亲突然患病住院，急需用钱，光靠邹华每个月打工的几千元工资根本无济于事。

在重重压力下，邹华想到了创业。他心想，如果能够成功创业，不仅能解决母亲治病的燃眉之急，还可以继续研究自己的课题。

2006年9月，邹华靠东拼西凑得来的一点资金成立了一家医药科技公司，主要业务是药物研发外包。由于没有钱打广告，邹华只能通过论坛、网络、黄页和朋友介绍等免费渠道寻找客户。

后来，邹华终于接到几个产品研发的单子，拿到单子后他就转包给其他医药公司生产，自己挣点差价。可是，这些单子并不能养活公司，公司做了不到一年，亏损越来越严重。年终的时候，邹华和同事一起吃年夜饭，谈到目前手头的项目既浪费时间又没有什么起色，大家都很心酸。

邹华的公司此时正遭遇着大多数公司都曾面临过的难题——资金链断裂。邹华发现，当初创业是在压力之下做出的一种无奈的选择，然而令他没想到的是，创业之后压力更大、痛苦更多。家里母亲的医药费全靠亲戚、朋友们贴补，自己几乎帮不上什么忙。

痛苦的邹华独自回到家里，他看到家里每况愈下，想到公司也朝不保夕，决定好好想一想公司发展的新路子。经过一番深思熟虑，邹华决定将公司的定位从外包转为自主研发产品。虽然这样做的投入特别大，但却能获得

稳定的销售额。

心知这是决定公司命运的背水一战，邹华不分昼夜地查阅文献，从文献上介绍的数万种化合物中挑选出近千个产品，最终成功研发出数十种具有市场规模的产品。这种“沙里淘金”的工作是十分艰巨的，但是为了生存下去，邹华咬紧牙关坚持了下来。就这样，1年后，邹华的公司自主研发了一种医药中间体，并拥有了自主知识产权。接着，邹华通过出让知识产权和授权其他医药公司生产，给公司带来了丰厚的利润。

俄国伟大的诗人莱蒙托夫坦陈：“意志是每一个人的精神力量，是要创造或是破坏某种东西的自由的憧憬，是能从无中创造奇迹的创造力。”王强失业后创业，在创业初期遭遇了种种困难，但他后来通过顽强的意志坚持了下来，店铺的生意越来越好。邹华休学后创业，却遭遇了资金链断裂等难题。在重重压力中，他毅然调整公司发展定位，最终通过自主研发产品成功地挽救了公司。

第九章

每一次压力都是造就成功的机会

“知我者谓我心忧，不知我者谓我何求”，创业中人，对于不理解他们的人，他们就是“疯子”“聋子”“傻子”，可是他们知道自己在做什么，要达到什么目标，要解决什么问题，所以他们坚持了下来，最终时间证明他们是对的、是成功的。

1．生命的弹簧没有极限，压力也可以创造奇迹

有险峰才有攀登，有压力才有奋起，有难关才有突破，有风浪才有搏击！

——庄则栋

清晨，杨洋被在线旺旺“叮咚”的声音吵醒，她从梦中醒来，又投入到一天紧张而忙碌的工作中。杨洋是一家网上宠物用品店的店主，她经常要不分昼夜地在网上与客户聊天，有时甚至顾不上喝水、上厕所。除了去超市购买生活日用品外，她基本都是待在家里。

时下，由于开网店的门槛低，很多年轻人在初次创业时都选择了开网店。然而，这种创业方式只是“看上去很美”。由于开网店意味着作息颠倒、工作强度大，不少网店创业者纷纷吐槽自己“压力山大”。

杨洋原来开过一家实体店，但是实体店成本很高，支撑不到半年就关门了。2008年起，杨洋开始专心经营网店。

没想到，做电商的压力同样很大。在网店刚起步的时候，杨洋需要一个人做完所有事情，包括处理订单、考核销量、退换货、退款、打点财务等。家里堆满了各种货物，简直找不到立足之地。杨洋经常坐在电脑桌前，忙得天昏地暗，累了就趴在桌上打个盹。聊天软件一响，人就会条件反射地弹起

身，因为她不愿意错过任何一单生意。

实体店做没了，如果网店再做没了，以后的生活怎么办？杨洋咬紧牙关，决心把网店好好做下去。寒来暑往，电脑总是热的，肚子总是饿的。如今，杨洋的网店已经有了12名员工，生意越做越大。

杨洋总结了自己开网店的经验，她认为开网店在上升期间最为辛苦，因为需要积累口碑，开网店信誉最重要，顾客的每一个差评都会让她紧张万分。说到网店的解脱方式，杨洋说："通过开网店创业有两种解脱方式，一是做大了跳出去，挖到第一桶金后去投资实体店或进军其他行业；二是直接把店卖掉不做。"

开实体店压力大，开网店压力更大。生命的弹簧没有极限，压力也可以创造奇迹。杨洋开网店，事无巨细、亲力亲为，还要熬夜守店、关注评价，最终一点一滴地将自己的店铺发展起来。

1989年，李开伟出生在农村，他对农村这片热土有着深深的眷念。大学毕业后，他不顾家人的反对，怀着支援农村、服务村民的梦想，毅然放弃在国有企业的工作，来到了山清水秀的古楼村当起了一名大学生村干部。

李开伟通过乡情调查，认为只要自主创业才有条件带领乡亲们致富。在发现了当地林地、水源丰富的优势之后，李开伟就确定了发展林下土鸡养殖的思路。

李开伟多方凑足10万元，开启了创业路。为降低风险，李开伟从孵化鸡苗做起，采购了两台孵化机，自学技术，摸索着进行鸡苗孵化。有时停电了导致供暖中断影响了孵化，李开伟就赶紧添购一台发电机备用。很快，第一只小鸡破壳而出，李开伟欣喜若狂，他第一次就成功孵化了1500只鸡苗。接着，李开伟一边养殖鸡苗，一边出售鸡苗，积累了不少资金。

有了资金保障之后，李开伟在河边林地里进行实验性养殖。他从设计、搭建养鸡棚，到挑选饲料等，凡事都要亲力亲为。在养鸡的同时，作为村干部的李开伟还要处理一些村务，有时忙得不可开交。一旦小鸡出现不进食、不长体、发生疫情等现象，李开伟就特别紧张。为此，李开伟多次请教养殖方面的专家，渡过了各种难关。7个月后，第一批绿色喂养、天然无污染的

土鸡出栏，前来购买的客户络绎不绝，这让李开伟获利近6万元。

开始赚钱的李开伟没有忘记贫困的村民，他开始寻找共同富裕的路子。李开伟很快就成立了土鸡养殖专业合作社，采用“公司＋农户”的模式发展，带动村民一起致富。

李开伟成立合作社后，将鸡苗卖分给农户养殖，然后统一回收销售。很快，鸡苗供不应求，李开伟就租来第三台孵化机扩大产能，确保及时为社员提供鸡苗。部分村民的小鸡出现了眼睛腐烂、发高烧等病情，李开伟就主动提供技术支持，帮助农户解除疫情。为了扩大销路，李开伟又驾车到外地禽类市场考察，与部分老板建立长期供货关系，并成功培养3名专业销售人员，排除了村民的后顾之忧。

由于村民养鸡技术水平不高，李开伟变身成为“养鸡技术员”，通过不断言传身教、亲自示范、耐心讲解，让养鸡户掌握必备的技术。李开伟通过合作社为养鸡户提供“供养销”全流程技术支持和服务，结果受到广大群众的欢迎。

李开伟的努力奋斗，换来了人民群众的信任和支持，最终，在共同致富的道路上越走越宽。

奋斗的意义在于：成就自己，激励别人。村干部李开伟带头创业、努力奋斗，先干出一番事业，再带动人民群众走上共同致富的道路。如果一心想着让别人先奋斗，先让别人去摸索清楚之后，自己再伺机跟上，那么就没有奋斗的意义了。

传奇人物艾柯卡，失业后雄心再起，既成就自己也激励别人，他的奋斗充满了非凡意义。

村民李开伟带头创业，用奋斗收获成功，收获信任。艾柯卡失业后东山再起，用5年的奋斗，既让一家濒临破产的公司起死回生，也让自己的人生重归巅峰。可见，奋斗的人生、前程似锦，怪不得法国小说家巴尔扎克曾经大声疾呼，拼着一切代价，奔你的前程。

乒坛名宿庄则栋说：“有险峰才有攀登，有压力才有奋起，有难关才有突破，有风浪才有搏击！”网店店主杨洋、村干部李开伟都是通过化压力为动力，最终获得了成功。

2.“疯子”“聋子”“傻子”，都是成功之子

我想我们创业要取得成功，就要做一个疯子、聋子和傻子。

——徐少春

一天清晨，阳光透过窗户洒进书房，几只小鸟叽叽喳喳叫个不停。一位老教授摊开纸张，卷起衣袖，他拿起钢笔，略一沉吟，就开始专心致志地创作他的科普文章。这就是徐光炜教授。

徐光炜出生于上海一个知识分子家庭，家教很严，他4岁时就上学了。徐光炜兴趣广泛，成绩优秀，尤其喜欢生物。“小时候看到家里有人病了，医生来诊治之后手到病除，救人于患难之中，于是对医生的崇拜感油然而生。同时作为一个大家庭的长子，也宜学医。”于是在家人的支持下，徐光炜怀着对医生职业的向往之情考入了上海的圣约翰大学医学院，踏上自己的医学之路。

突然接触到繁杂的医学知识，让徐光炜对选择从医产生了怀疑。虽然很痛苦，但是他没有放弃，在默默的坚持中，他迎来了转机。“坚持了一段时

间，接触到了解剖学，与我感兴趣的生物学联系到一起，随着学习的深入，我对医学的兴趣就越来越浓厚了。”1956年，徐光炜毕业后进入北京某医院，如愿成为一名外科大夫。

1969年，徐光炜接受领导指派的任务，去山东调查一种草药，据说这种草药可治癌症，如果属实，则设法多带一些草药回来研究。费劲周折，徐光炜与另一位医师一起，终于找到当时的那位癌症患者，确定了是用一种叫“农吉利”的草药治愈的。他们满心欢喜，打算去山区采集一些带回北京研究。于是，俩人带着干粮和工具到了山里，转悠了一天，才采集了十余棵草药。隔日还是收获甚微。这点草药不可能救治很多人，于是，他们向当地党委求救。

当地党委听了他们的汇报后，认为这是一件救死扶伤的善事。于是马上发动群众，号召附近学校的小学生们作了义务采药员，约定三天后将草药送来。

3天过后，开始陆续有小学生来送药了。有背篓的、推小车的、骑自行车的，各种容器，或多或少，但人流络绎不绝。最后收到的草药大大出乎徐光炜的意料，“农吉利”已堆成小山，称重竟有两千余斤！一批又一批小学生送草药的情形，让徐光炜深受感动，他毅然走上了抗癌的道路。

后来，徐光炜发现，癌症的预防及早期发现工作比临床手术治疗更为重要。一名大夫，哪怕他医术再精湛，他所诊治的病人也是有限的，所以只有防治才能解决群体的问题。

那么如何防治呢？就要通过写科普文章，教育民众，以提高全民的防癌意识。很快徐光炜担任了《癌症康复》杂志主编，亲自撰写肿瘤科普文章，不断发表像《患了癌症怎么办》《癌症防治的三大误区》《过去，谈癌色变；如今，癌可防治》等科普文章。

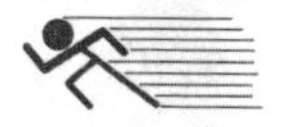

有些专家认为徐光炜这种做法很傻，他们认为一流的学者、专家都在搞学术钻研，只有二流的专家、学者才去搞科普。

虽然被认为是傻子，但是徐光炜还是坚持自己的做法。徐光炜说："科普作品需要把一些晦涩难懂的知识用通俗生动的语言表述出来，让群众看得懂，喜欢看。写一篇好的科普文章比写一篇学术论文要难。"

很多人在奋斗的路人，自己认为对的事情，就坚持不懈做下去，于是他们成为别人眼中的"疯子""聋子""傻子"，但是他们都是未来的成功之子。金蝶国际软件集团创始人徐少春，曾经被人说是"疯子、聋子、傻子"，结果还是成功了。

徐少春早年在深圳创业，当时深圳已经有一个很好的财务软件。人们就说有了这样一个好的财务软件，你们这些"疯子"还研发什么？可是，徐少春认为随着时代的发展财务软件也需要不断更新换代。1996年，当人们还认为财务软件DOS版很有前途时，徐少春就开始研发更适合本土企业应用的财务软件了，正是这样不懈的研发，让金蝶成为后起之秀。

徐少春说："我理解的'疯子'，第一个是为梦想痴迷，二是打破常规，三是乐在其中。"

后来，徐少春通过IDG注入风险投资金，让金蝶获得研发资金。正所谓"拿人家的手短，吃人家的嘴软"，风险投资方对于做软件也有他们的想法，不过，徐少春做起了"聋子"，有的要听，有的不一定要听。

徐少春认为，创业中的"聋子"，要坚持必胜的信念，不能人云亦云，要持之以恒。这就好比青蛙爬铁塔。有一群青蛙进行比赛，看谁能爬到塔顶，很多青蛙在围观。围观的青蛙在喊："你看看它这个德性，肯定爬不上去。"所以一只只青蛙从塔顶掉下，最后有一只青蛙爬到塔顶。其他青蛙问它："你为什么能爬到塔顶？"那只青蛙说："我听不见，因为我是一个聋子。"

金蝶软件研发出来了，徐少春发现光靠自己发展不行，需要引入更多战略投资者。于是，他就出让部分股权，自己占股由原来的90%变成40%，把企业做大。很多老总认为徐少春这样做简直是个“傻子”，因为企业创始人出让股分一旦超过50%就有随时失去控制权的危险。

2005年，金蝶软件在香港主板上市，很多人认为不用做实业了，只要玩股票就能发财。可是，徐少春并不这么做，20年来他还是坚持从事企业管理软件的研发和推广。有很多人在股市中赚了很多的钱，他们都说徐少春这个人很傻。

徐少春说：“创业要做一个傻子，要记住吃亏是福。我回想我近20年的创业，我充其量是半个疯子、半个聋子和半个傻子，所以我还有努力的空间。”

“知我者谓我心忧，不知我者谓我何求”，创业中人，对于不理解他们的人，他们就是“疯子”“聋子”“傻子”，可是他们知道自己在做什么，要达到什么目标，要解决什么问题，所以他们坚持了下来，最终时间证明他们是对的、是成功的。徐光炜不写学术著作而专注于防癌科普推广，被认为是“傻子”，但是他觉得很值得做。徐少春出让股权发展公司，不玩股票做研发，虽然被认为很傻，但是吃亏是福，他让金蝶发展成为中国软件产业领导厂商。

3. 把压力分散到所有车轮，你就可以成为动车

释放所有的压力确实不好，应该要保持一定程度的紧张。

——宫崎骏

寒夜萧瑟，窗外，冷雨淅淅沥沥下个不停。屋内，一个中年男子独坐窗前，神情愁苦。这是他人生中最艰难的时刻：工作不顺利、妻子弃他而去，家里上有老下有小，生活将何以为续？任正非痛定思痛，最后他做出了人生最重要的决定——创业。

1987年，43岁的任正非租了个小地方创办了华为，靠代理香港某公司的程控交换机获得了第一桶金。创业之路充满无数的艰险和未知因素，但是任正非都扛了下来。此时，国内在程控交换机技术上基本是空白的。任正非敏感地意识到了这项技术的重要性，他将华为的所有资金投入到研制自有技术中。

在研发动员大会上，任正非激动地说："研发如果失败了，我只有从楼上跳下去，你们还可以另谋出路。"华为的员工听后，大受感染，他们化压

力为动力，拧成一股绳，誓要推出华为自己的数字交换机。随后华为研发了一个又一个产品，获得了一个又一个专利，产品销售额也是扶摇直上。

经过20年的高速发展，2007年华为的合同销售额达到160亿美元，其中海外销售额115亿美元，成为当年中国国内电子行业营利和纳税第一。后来，华为的产品和解决方案成功应用到全球170多个国家，服务全球运营商50强中的45家及全球1/3的人口。

为了保持这种发展劲头，华为创始人任正非把公司股份分给了高管和员工，自己只留下了1.42%的股份。目前，华为15万员工中有7万人拥有华为的股票。任正非实行全员持股，形成企业内部的“利益共同体”，让员工以公司为家，人人有压力、有责任要把华为做好。

2014年在《财富》杂志世界500强企业排名中，华为排在了全球第285位，这对一家民营公司来说确实不容易。不过，任正非并没有被这些成绩蒙蔽双眼，他认为员工如果没有压力、贪图享受，便容易滋生腐败，最终会断送华为的前程。任正非说：“华为的竞争对手，就是我们自己。在华为公司的前进中，没有什么能阻挡我们，能够阻止我们的就是内部腐败。”

企业经营者，只要把压力分配好，就能发挥每位员工的潜能，让企业迅速发展壮大起来。我们知道，动车组技术源于地铁，是一种动力分散技术。在一般情况下，我们乘坐的普通列车是依靠机车牵引的，车厢本身并不具有动力，不会“自己跑”。而采用了“动车组”的列车，车厢本身也具有动力，运行的时候，不光是机车带动，车厢也会“自己跑”，这样把动力分散到所有车轮，最终达到高速的效果。所以，只要你将压力分散到所有车轮中，你就可以成为动车，即使在数千里外的目标，也能做到朝发夕至。

日本东芝公司给员工压担子时，也是巧妙地借鉴了压力分散技术。

有一年，美国的麻省理工学院进行过一项实验，研究者在南瓜刚刚开始生长的时候用很多铁圈将其整个地箍住，以试验其在成长过程中到底能够承受多大的压力。

当初研究者预计南瓜不能承受500磅的压力，因为500磅的压力足以把南瓜压得粉碎。然而在实验的第一个月，小南瓜就承受了超过500磅的压力。到第二个月的时候，南瓜承受的压力已经超过了2000磅。这时研究人员甚至不得不加固铁圈，以防南瓜皮将铁圈撑开。最后，当研究人员将压力增加到5000磅的时候南瓜皮才因为承受不了压力而破裂。可见压力越大，动力越大，关键在于如何分配压力。

日本东芝公司在压力分配方面就做出了成功的探索，他们在用人方面采用了能者多劳、“压担子”式的管理方法。他们认为当一个员工能挑50公斤的担子时，如果只给他30公斤或20公斤，不仅难以发挥员工的能力和创造力，还会挫伤员工的积极性和主动性。相反，当承受的“担子”重量超过员工日常的负荷能力时，员工就会全力以赴，想方设法提高自己的技能，来完成工作任务。当然压力不能过大，如果压力太大，把员工压垮了，就什么业绩也没有了。

日本著名动画导演宫崎骏认为：“释放所有的压力确实不好，应该要保持一定程度的紧张。”这种“紧张”就是一种挥之不去的压力。任正非创办华为之后，为了激发广大员工的积极性和创造性，将绝大部分股份分给员工，通过巧妙借鉴动力分散技术，奠定了华为长足发展的基础。日本东芝公司在用人方面，因人而异、因时而异地“压担子”，让员工保持最佳的竞技状态，最终促进企业的良性发展。

4. 在奋斗长跑中，唯有适度放慢节奏才能重新快跑

骐骥一跃，不能十步；驽马十驾，功在不舍；锲而舍之，朽木不折；锲而不舍，金石可镂。

——荀况

碧空之下，荒野之上，两辆车一前一后呼啸而过，卷起漫天黄沙。这是一场异常紧张的越野拉力赛，只见前面的车一下子向左边冲，一下子向右边拐，似乎生怕后面的车辆超过它。而后面那辆车却始终不紧不慢地跟在后面，它在等待一个机会。

2013年7月，中国环塔（国际）拉力赛火爆进行，第五赛段从福海县吉力湖到五彩湾大营，全长407公里，为本届比赛开幕以来最长的一个赛段。韩魏驾驶的车辆从第11位出发，一路狂飙，当时，韩魏的总成绩比较靠后，要想夺冠可谓困难重重。

在比赛中，韩魏的上面面临着两组人的压力。第一组是刘昆、周远德和刘彦贵组成的第一集团，由于对方在之前比赛中已经积累了强大的领先优

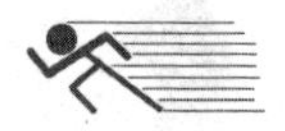

势，韩魏心中清楚：除非人家自己出问题退赛，否则他们在赛段里睡上一觉再出发都来得及。第二组是第二集团中的佼佼者，以何旭东和彭伟康为代表，他们的成绩一直非常稳定，要想超越对手，除了在赛段成绩上需要有所提高之外，还得依靠“追到屁股”的形势让对手出错。

韩魏心想：第一集团的赛车自己追不上，就没有必要追了；然而，第二集团只剩两辆车在前面了，总的差距只有20分钟，这是一个不用拼命就可以轻松赶超的距离，所以现在自己要做的就是放慢节奏、保护赛车，抓住机会重新快跑起来。只要在到达终点前不用再修车，胜利就在眼前了。

于是，就出现了本节文章开头一辆车跟在另一辆车后亦步亦趋地进行比赛的情景。最后，韩魏虽然无缘夺冠，但是却获得了总成绩全场第6名的好成绩。要知道，那届环塔拉力赛共有116辆赛车参赛，完赛的车辆仅有75辆，完赛率仅65%，这意味着有很多车辆因为各种原因退出比赛。

漫长的赛程对于赛车的稳定性和持久性都是一个考验。在汽车拉力赛中，韩魏通过适度放慢节奏、保护赛车，最后不是在赛道上痛苦地修车，而是在终点分享胜利的喜悦。同样，奋斗也不是一蹴而就，要在奋斗的长跑中获胜，唯有适度放慢节奏才能重新快跑起来，很多时候欲速则不达。

有研究机构曾经做了这样的调查：成功人士有哪些共同的爱好？结果发现，玛丽莎·梅耶尔、理查德·布兰森、谢丽尔·桑德博格以及米歇尔·奥巴马的共同之处，就是都坚持有规律地度假。

优秀的领导者有着充满野心的目标，每一天，他们都努力工作以达到目标。但是他们也知道疯狂工作和筋疲力尽不会让他们走得很远，所以为了提高自己的创造力和敏锐力，他们会花一些时间来休息，养精蓄锐。

所以，很多成功人士会给自己留出时间做足放松活动。这些放松活动包括每天的瑜伽锻炼、周末的休假、年假、长途旅行等。这些放松活动，会让

领导者保持心理的敏锐，并且时刻准备好接受新的挑战。

对一些领导者来说，如维珍集团首席执行官理查·布兰森一样，假期甚至可以提供一些意想不到的商业灵感。

“当你在度假时，你的路径是断断续续的，你去的地方和你遇到的不同的人会用意想不到的方式带给你灵感，”布兰森告诉企业家们。“作为一个企业家或者商业领导者，如果你从假期回归时没有带回一些关于如何调整的想法的话，那么你就需要考虑做出一些改变了。”

古代思想家、教育家荀况有言：“骐骥一跃，不能十步；驽马十驾，功在不舍；锲而舍之，朽木不折；锲而不舍，金石可镂。”荀况强调凡事贵在坚持，那么如何能够长久地坚持呢？欲速则不达，唯有懂得适时、适度放慢节奏，才能够更好地坚持下去。韩魏在参加赛车比赛时，适度放慢节奏，不与别人争一时之利，最后取得了理想的成绩。天生的领导者会给自己一个喘息的机会，从而获得商业经营的灵感和源源不断的精力。

第十章

一人奋斗很重要，万人奋斗更伟大

通往理想的道路很遥远，不到最后一刻，谁都无法得知输赢。关键是，每一步我们都要内心纯粹，用力地往前走，也只有内心纯粹不忘初心，才能走得更远。

1. 活着不易，但不能单为自己而活

对人来说，最大的欢乐，最大的幸福是把自己的精神力量奉献给他人。

——苏霍姆林斯基

在研究所里，一位科学家挽起衣袖，咬紧牙关，果断给自己的胳膊上注射了一针蛇毒腺体。很快蛇毒扩散到全身，他不停颤抖起来，大汗淋漓，最后晕了过去。这位在自己身上试蛇毒的科学家就是鲍尔·海斯德。

海斯德小时候看到很多人被毒蛇咬死。那些原本生龙活虎的人，一旦被毒蛇咬了，在很短的时间内就会发烧、恶心、呕吐、七窍出血，最后肾衰竭而死。那种惨状让海斯德印象深刻，他决定要研究出一种抗蛇毒药，以拯救成千上万人的性命。

要研究抗蛇毒药，得先了解蛇毒的症状。海斯德想到，人患了天花，会产生免疫力，而让毒蛇咬后能不能也产生免疫力呢？体内产生的抗毒物质能不能用来抵抗蛇毒呢？他设想到这也是有可能的。为了尽快研究出抗蛇毒药，让更多人从蛇口中死里逃生，海斯德决定牺牲自己。从15岁起，海斯德

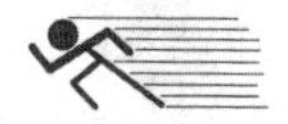

就在自己身上注射微量的毒蛇腺体，然后亲自体验不同蛇毒的症状，一一做好记录，从而研究解决之道。

这种试验是极其危险和痛苦的，一旦注射到体内的毒液超过极限几毫升，海斯德就可能命归黄泉。海斯德每往自己身上注射一次，他都要大病一场。要知道各种蛇的蛇毒成分不同，作用方式也不同。海斯德每次在自己身上注射一种新的蛇毒，原来的抗毒物质就不能胜任了，他又要经受一种新的抗毒物质折磨。就这样，海斯德身上先后注射过28种蛇毒，有时候蛇毒过猛，他会晕死过去，被同事救醒后，他又继续做研究，并在自己身上逐渐加大剂量与毒性。

多年来，海斯德一共被毒蛇咬过130次，每次都有惊无险。后来，海斯德对自己血液中的抗毒物质进行严格的分析，试制了一些抗蛇毒的药物，最终救治了很多被毒蛇咬伤的人。

香港首富李嘉诚先生，既是实业家，又是慈善家，他奉承社会的核心理念就是助人自助。

李嘉诚12岁便辍学到社会上谋生，他先后做过泡茶扫地的学徒、钟表店店员、五金厂推销员等工作。

1950年，年仅22岁的李嘉诚用省吃俭用积蓄的7000美元在筲箕湾创办长江塑胶厂。凭借着勤学苦干的精神，李嘉诚在香港快人一步研制出塑胶花，迅速占领香港市场。当时，李嘉诚走物美价廉的销售路线，让自己默默无闻的小厂声名远播。

在做塑胶花完成资本积累之后，李嘉诚开始进军地产界。1958年，李嘉诚在港岛北角建起了第一幢工业大厦，正式介入地产市场。1960年，李嘉诚又在柴湾兴建了第二幢工业大厦，从此他的事业迅速走向辉煌。

后来，李嘉诚摸索出成功的秘诀，那就是：业务多元化、擅用资本“财

技”。很快，李嘉诚旗下就拥有长江实业、和记黄埔、长江基建、电能实业等大公司，业务涉及零售、地产、基建、电讯、港口、酒店、制造、能源、水务、电力等。

在功成名就之后，李嘉诚开始回报社会，用心做慈善。1980年李嘉诚创办了李嘉诚基金会，以便更好地为香港及世界各地的慈善服务提供帮助，基金会的捐款主要用于教育、医疗、文化及其他公益事业。

李嘉诚说：“人生在世，能够在自己能力所逮的时候，对社会有所贡献，同时为无助的人寻求及建立较好的生活，我会感到很有意义，并视此为终生不渝的职志。所谓的公益事业，除了支援天灾人祸的受害者，关键就是制定长期计划助人自助，让那些被社会孤立和落后的人重新融入社会。”

苏联著名教育实践家和教育理论家苏霍姆林斯基曾经总结道：“对人来说，最大的欢乐，最大的幸福是把自己的精神力量奉献给他人。”很多人虽然没有首富的命，但是有奉献之心就足够了，就可以感触幸福了。美国研究蛇毒的科学家海斯德为了救死扶伤，以身试毒，其勇于牺牲、无私奉献的精神让人钦佩；李嘉诚通过基金会助人自助，将自己的精神力量奉献给他人，帮助那些被社会孤立和落后的人重新融入社会，彰显了奉献社会的大智慧。

2. 勿忘初心，将奋斗进行到底

每个人心里都有一条玄奘之路。

——沈蕾

一天，一位女孩走上了《中国职场好榜样》的舞台，她想应聘百度人才校园大使。当场上嘉宾和观众的目光都不约而同落在她总共只有五根手指的双手之时，她却展现了她的坚韧和乐观。她就是从心出发的“奋斗姐”——陈传艳。

陈传艳是一位普通的农家孩子，家境并不富裕。她天生比常人少了五根手指，由于这双手的原因，陈传艳从小受过很多委屈。后来，她却通过这双手不断奋斗奋斗，想办法让自己振作起来。

在中学时代，陈传艳每天都自习到深夜，终于考上了一所中专学习美术专业。虽然没有美术功底，但她坚信自己能做到。经过长时间的训练，她的书法尤为出众。中专毕业后，陈传艳进入一所小学实习，接着考上了湖北一所高校。毕业后，她就去上海发展。

在上海，陈传艳经历了职场的重大打击。在上海找的第一份工作，因为

打字慢，招聘方当着许多人的面拒绝了她的求职。在被拒绝后，陈传艳开始坚持练习打字。从每分钟17个字提高到了每分钟60个字后，她继续投简历找工作，终于得到了一位老板的赏识，成为一名客服专员。陈传艳是李彦宏的粉丝，梦想着有朝一日加入百度。

有一天，她看到《中国职场好榜样》节目招聘百度人才校园大使，于是她就不顾一切地报名了。很快，陈传艳手拿着李彦宏的自传，走上了《中国职场好榜样》的舞台。在节目中，她用毛笔写下“追梦”二字，她说：“因为从小到大我清楚知道我的梦想是什么，知道我要什么，所以在不停地追寻。今天到这里也是想达到这么一个目的，我是来追梦的！”

现场嘉宾和观众们被她的追梦精神所感动，最后陈传艳拿到了百度人才校园大使的试用期PASS卡。

当企业方代表问陈传艳关于百度人才校园大使这个职位对她的意义时，陈传艳说：

“我有一个人生理念：没有什么比死亡更可怕，只要还活着，就可以尝试。没有什么可以打倒自己！我想告诉所有的大学生：招聘企业的这些HR没有什么可怕的，只要展示你们最真实的一面，不要把他们当成法官，表达真实的自己。如果被企业拒绝了，说明真的有距离。”

同时，陈传艳也向企业方代表提出了自己的问题：“如果未来我可以在百度好好工作，付出我最大的努力，在未来的五年里我可以做到领导的职位吗？”

企业方代表回答：“以你的能力和你的生活态度，何止是领导，总监的位置等着你！”

通往理想的道路很遥远，不到最后一刻，谁都无法得知输赢。关键是，

每一步我们都要内心纯粹，用力地往前走，也只有内心纯粹不忘初心，才能走得更远。陈传艳天生只有五根手指，但并不影响她在职场上的发展。她刻苦学习、力争上游，从心出发、不断追梦，最后拿到了百度人才校园大使的试用期PASS卡。

正和岛创始人刘东华，之所以要和其他机构联合发起“玄奘之路”创业戈壁行活动，也是出于初心。

“玄奘之路”缘起于2005~2006年行知探索与中央电视台、外交部联合策划发起的大型文化考察活动。该活动感召了中国社会最知名的工商界、文化界、媒体界等精英人士，组成联合考察队，上高原、下戈壁、翻天山、过雪岭，穿越荒无人烟的罗布泊，经历仍处于战乱之中的中亚阿富汗地区，亲身考察和体验玄奘大师不平凡的人生旅途和心路历程，见证玄奘大师呕心沥血缔造的惠及千秋的伟大功业。可以说，“玄奘之路”是一场伟大的冒险之旅，目标明确而前途艰险。同样，创业者也会面临类似的冒险。正和岛创始人刘东华作为“玄奘之路”最早的参与者，早在2005年就和王石等企业家一起走过这条路。2011年底，刘东华在事业巅峰期离开《中国企业家》杂志社，放下所有，二次创业，创办正和岛。

刘东华在20多岁大学毕业后就开始从事媒体工作，后来有机会独掌一个平台，其实也在不停创业。从《中国企业家》杂志到正和岛，刘东华一直在为企业家服务，发现、传播、放大中国企业界那些英雄们的故事。最后，刘东华发现重走“玄奘之路”，可以激发更多企业坚定不移的奋斗精神。于是，刘东华积极参与“玄奘之路”的活动。

2014年9月，正和岛和联想之星、行知探索等9家知名创投机构联合发起的第二届创业戈壁行完美收官。活动期间，有近300多人参与全程112公里的戈壁徒步，正和岛有近50位岛亲参与该次活动。

人们要想获得成功，就要学会忍受孤独的旅程，勿忘初心，方得始终。“奋斗姐”陈传艳成功圆梦拿到百度人才校园大使的试用期PASS卡；正和岛创始人刘东华积极参与“玄奘之路”创业戈壁行活动，都是他们不忘初心的表现。

3. 永不妥协，要在怀疑中坚持信仰

一个人做事，在动手之前，当然要详慎考虑；但是计划或方针已定之后，就要认定目标前进，不可再有迟疑不决的态度，这就是坚毅的态度。

——邹韬奋

“哈哈，做了11年的总裁助理，却要转行做陈列师。她简直是个白痴！”“没错，多半是脑袋短路了。”在一位女白领的身后有人正在窃窃私语。当别人纷纷猜测她转型是否失败时，她依然坚持走下去。那位女白领就是曾碧孙。

曾碧孙曾经做了11年总裁助理的工作，当人们都认为曾碧孙将来可以晋升成为公司的高管时，没想到她却由总裁助理转行去做服装陈列师。

很难想象一个有着11年工作经验的人就那么容易地放弃自己的积累。当问起曾碧孙为什么要离开这个职位，将目光转向完全陌生的服饰行业呢？她说：”在家里的时候，我坐在衣柜前，然后想如何去搭配今天的衣服，特别

是在每年换季的时候，更是会大量购进衣服进行搭配选择。所以我还是很喜欢服装的。”

由于喜欢服装，所以曾碧孙把自己的未来定位在服装陈列方面。当时，曾碧孙也面临着巨大的压力：别人的不理解、质疑、嘲笑扑面而来。曾碧孙知道自己已经不年轻了，可能对于陈列师来说并不吃香；另一方面，现在进入新的领域还要从最基层的陈列做起。

但很快，曾碧孙就找到了陈列师和总裁助理的共同点，那就是都需要较好的管理协调能力与执行力。而这些曾碧孙已经具备了。另外，由于她是英语专业毕业的，所以她要把新的职业目标定位在了欧美公司。

奋斗时，就要在怀疑中坚持信仰。曾碧孙从总裁助理转行去做服装陈列师，在别人的怀疑中坚持不懈地走下去。半路出家，将会遭遇更多困难，更懂得坚持信仰的意义。“不过我的未来还是充满无限可能的。虽然可能现在的道路还不是很清晰，但我觉得总会有一条路摆在我的面前”，她对自己的未来也是充满了信心。

手工皮鞋大师涂春荣的成功，也是他坚持信仰、努力奋斗的结果。

涂春荣从小学习优异，但因为家境困难，读到高中时他就辍学了。涂春荣像很多人一样出来打工，起初他在一家鞋厂当学徒，做鞋子。他跟着师傅从最基本的工作学起，涂春荣用眼睛看，用手摸，用心记。从鞋样开发、模具制作，到最后的样品成型，涂春荣都会一丝不苟地学习。

经过不懈努力，涂春荣的制鞋技艺不断进步。其他学徒用几年的时间才能学会的制鞋技艺，涂春荣只用了短短1年多的时间就掌握了。随后经过六七年的努力，涂春荣做了鞋厂厂长。在做厂长的时间里，涂春荣不仅对鞋子本身有深入研究，还对市场有了深刻的理解。

有一年，涂春荣去意大利考查，了解当地手工制鞋的工艺流程。在那

以流行时尚和华丽典雅著称的国度里，他看到的是不一样的世界。涂春荣被深深地震撼了："意大利人是用信仰和热情在制鞋。"原来这才是真正的艺术。在意大利，涂春荣逐一拜访了多个意大利著名的手工制鞋大师，其中一位在业界闻名遐迩的手工大师，他自称自己只是一个皮鞋匠。为了保证质量，他每年只制作二十双鞋子，由于用料考究、手工精湛，引来很多意大利名人、明星的争相订制，即使再高的价，他们也觉得物有所值。

意大利的制鞋大师们用信仰和热情完成这种传统的制鞋工艺的延续，可以看得出他们对手工制鞋工艺的执着和信仰般的热爱，涂春荣看在眼里，震撼在心里，回国后，涂春荣开始进行手工制鞋。

现代化的工业生产不要了，却要倒退到手工作坊式的生产吗？涂春荣在一片质疑声中，不断打造手工皮鞋的品牌，在皮鞋生产过程中进行个性化定制，彰显手工品味，还通过电商平台销售这些手工制作的皮鞋，结果大获成功。

著名新闻记者、出版家邹韬奋认为，坚毅的态度就是在计划已定之后，认定目标前进，不可再有迟疑不决的态度。有11年总裁助理工作经验的曾碧孙转行去做服装陈列师，最终找到两种职业的共同点，发挥所长，坚持走自己的路，越走越平坦；涂春荣视品牌如生命，以手工为信仰，带领企业奋斗时，在一片质疑声中坚持手工制作，努力传承传统技艺，最终打造出高端皮鞋品牌。

4. 因为你的奋斗，帮助了很多人过得更好

我们应当努力奋斗，有所作为。这样，我们就可以说，我们没有虚度年华，并有可能在时间的沙滩上留下我们的足迹。

——拿破伦

清晨，一辆油罐车在雾气弥漫的柏油路上缓缓行驶着，坐在驾驶席上的那个紧握方向盘、目不转睛地注视前方的司机就是马俊江。

1992年，马俊江从中学毕业后，由于受父亲从事货物运输的影响。他于1994年成了一名货运司机，在沙湾县永达运输公司做油罐车驾驶员。2000年，他所在的运输企业解散，下岗无业的他，开始思索自己想干什么、能干什么、怎么干，可想来想去也没有头绪，还是觉得时机不成熟。

马俊江让自己回归到现实生活中，他开始在家精心研读经济管理、经济人物、市场分析、当代经济等各类书籍，并到学校学习了工商管理学。他想通过学习来汲取能量、开拓视野。在学习的过程中，马俊江对自己的言行要求苛刻，他不抽烟、不喝酒、不打牌、不进娱乐场所，他让自己生活在任务

当中，思想在不断蜕变，积蓄能量，寻找机会。

机会总是青睐有准备的人。马俊江埋头学习了3年后，独山子的朋友为他带来了喜讯，鼓励他成立公司，进军独山子原料运输业。2004年9月，马俊江租了一间近100平方米的办公室，雇了8名员工，用他现有的三辆油罐车作为创业资本，成立了运输公司，任总经理。

通过艰难的业务拓展，马俊江与独山子原料处签订了石油化工产品、燃料油、危化品运输协议，这为他在运输行业今后的发展打开了窗口。但困难也随之而来，他没有足够的运输车，还需要购买车辆，可当时企业正在发展初期，没有足够的资金。

后来，马俊江办了银行抵押，以每月按期定额还款的方式借来480万元购买了10辆运输车。有了车，马俊江还跑了多个部门辛辛苦苦办好了危险化学品运输资质。马俊江心里想着以后就能合法地从事化工产品的运输了。

让马俊江没想到的是，当10辆运输车开回公司后，由于独山子原料处机构要进行机构重组，这对刚打了480万元欠款的马俊江来说，是个致命的打击。他的运输车在公司整整闲置了1年。

为此，马俊江开始寻找更多石油化工企业合作，到处揽活干。很快，运输车全部运转起来了，公司开始挣钱了，他不仅还清了所有的欠款，还走上了蒸蒸日上的发展道路。

经过几年发展，马俊江通过增资、扩股的方式创建了新疆力铭鑫顺工贸有限责任公司，并先后组建了沙湾县鑫顺运输车队、鑫顺液化气供应站、鑫顺生态牧业发展有限责任公司、新疆马兰鑫科农业发展有限责任公司、新疆中石新能源有限责任公司等5家公司。

在企业发展的同时，马俊江没有忘记自己要回报社会的誓言。2009年，他发动在中国人民大学MBA新疆研修班的优秀企业家们成立了“红雪莲爱心

基金”，每年为沙湾县40名贫困生每人送去700元的助学金。在他们的资助下，沙湾县许多贫困生得以顺利完成学业。

人们在奋斗时，不论遇到多少困难，都要坚持下去，因为有了你的奋斗，将会帮助很多人过得更好。马俊江创业遇到了资金、资质、业务等种种问题，最后都找到了解决办法，在他创业成功后不忘回报社会。这样的奋斗是有价值的，是快乐的。

壮族好女儿李冬兰坚持不懈进行“特种养殖”，最终在平凡的工作中创造了奇迹。

1965年，李冬兰出生在南宁市邕宁区蒲庙镇。1985年她结婚后，也跟大多数农村妇女一样起早贪黑，种庄稼，发展传统养殖。但传统养殖投入大收益小，日子仍旧过得紧巴巴的，更谈不上发家致富了。穷则思变，李冬兰想到，家庭要致富，单凭她不可能，所以她就说服爱人一起承包村集体的山塘水库养鱼、养鸭，开始了自主创业。

李冬兰从养鱼、养鸭子开始，先后引进肉狗、蝎子、勒得兔、美洲牛蛙、美国鹧鸪、法国朗德鹅、野猪等珍稀动物养殖。她的“特种养殖事业”时而成功，时而失败，时而起色，时而不景气，养殖的收入也很不稳定。

李冬兰不甘心，也不服气，她深信“天无绝人之路”，经过冷静地反思和总结多年创业失利的缘由，她总结出最主要的两条：一是不知道市场需求；二是没有掌握好科学常识和技能。于是，李冬兰及时调整好创业心态，到一些成功的养殖户家里虚心求教，用平时省吃俭用积攒下的钱订阅各类科技书刊，了解饲养香猪市场需求信息。李冬兰依靠科学方法养猪，付出的汗水终于有了回报，仅1994年~1996年，她就向市场销售香猪达2000多头，家庭收入一下子有了明显好转。最后，李冬兰决定专注于养野猪，一干就是几十年。

李冬兰不仅自己要做好，还要帮扶别人一起做好。在2005年，李冬兰就成立了“野猪养殖协会”，不断发展养殖会员。经过长期经营，她的特种养殖场，拥有了800多头核心种猪、年出栏1万多头商品野猪、产值达500多万元的野猪养殖基地。她的“野猪养殖协会”年野猪销量都在9800多头以上，总收入465万多元，纯收入296万多元。

富裕起来的李冬兰，没有忘记回报社会和帮助困难群众，她先后捐资修建学校、乡村道路等。她无偿向困难群众提供养殖技术、送仔猪、建猪舍，带领广大贫困农户脱贫致富。

由于勤劳致富、富而为民，李冬兰载誉无数。2008年李冬兰被选为北京奥运南宁火炬手，2009年李冬兰被授予“全国科普惠农兴村带头人”、全国“民族进步模范个人”等光荣称号。

著名军事家、政治家拿破仑告诉我们，人的一生要想有所作为，就要在时间的沙滩上留下自己的足迹。马俊江创业开运输公司，成立了“红雪莲爱心基金”，帮扶贫困学生；李冬兰连续几十年搞“特种养殖事业”，富不忘源，活跃带领乡民一起致富。这些都是他们人生中留下的精彩印迹，这些印迹也让他们的奋斗、他们的人生变得更有价值。

5．奋斗的最大快乐：解决问题，改变世界

快乐，是人生中最伟大的事！

——高尔基

汶川地震、山河破碎，家里的房子瞬间化为瓦砾。在地震中，16岁的郭鑫痛失外婆和爷爷。很快抗震救灾的战士们纷纷赶到，他们连夜搭好帐篷，运送食物，帮助灾区重建。劫后余生的郭鑫变得坚强起来，也懂得了感恩。

2011年，郭鑫考入天津某大学。读大一时，郭鑫开始想为自己的家乡作点贡献，让它尽快走出沙化和贫穷困境。于是，郭鑫带着调研小组奔赴农村调研。由于调研没有什么经费，郭鑫就因陋就简解决各种难题，完成了调研报告。经过一番努力，郭鑫凭借“林业碳汇商业化模式”，让他的团队在“挑战杯”大学生创业大赛中获得金奖。

得到金奖之后，郭鑫开始着手将该模式应用于实践，于是他决定到社会上创业，解决社会问题。郭鑫说：“为区别以营利为目的的商业创业，我们的创业称为社会创业，以解决社会问题为创业的核心目标。我们团队的每一项创业都要解决一个社会问题。”

很快，郭鑫在网上找到了大学生村干部的QQ群，和每个村干部打招呼，推荐碳汇林。每天，郭鑫都跟不同的村干部聊天，并推介说："如果让村民种植碳汇林，一方面增加收入，另一方面减轻了出口企业的负担。你们干不干？"

大部分村干部不理解，也不搭理他，可是郭鑫并没有气馁，继续找有意合作的村干部聊天。

坚持一段时间的寻找，终于有一位邱县的村干部支持郭鑫的做法。于是，郭鑫就在邱县开辟了碳汇林模式的第一块试验田，共有2000亩。有了试验田之后，郭鑫就带着团队指导农民精心种植。结果，当年农民们人均净增收从1800元增加到3900元，农民们则以每吨抽取10到20元不等的利润付给郭鑫。看到碳汇林成功应用于实践了，也解决了当地的绿化问题、增收问题，郭鑫十分高兴，自己既创业成功了，也赚到了第一桶金。

不久后，全国各地纷纷邀请郭鑫团队到当地推广林业碳汇商业化模式，结果郭鑫的创业项目由小到大，逐渐铺开，很快就在18个省市100多个县生根发芽。

奋斗的最大快乐，就是解决问题，改变世界。大学生郭鑫将"林业碳汇商业化模式"成功应用于实践，解决了土地沙化的问题，也增加了植林群众的收入。所以，他很快乐，也很有成就感。

点点网CEO许朝军，他的点点网也是一心为网民、为别人的兴趣而创建的。

许朝军曾经出任Chinaren技术工程师、搜狐技术总监、校内网负责人、盛大在线首席运营官、盛大边锋总裁……虽然这些职位都很"高大上"，但是并没有留住许朝军，因为他要创业。2011年，许朝军创办了点点网，成为中国轻博客模式的创建者和领导者。

轻博客让网络发布内容变得更加简单，不像传统博客那样拖泥带水。当微博正在流行时，许朝军预感到“轻博客”将是互联网发展的一个趋势。许朝军说：“Facebook经常问你在想什么？Twitter问你干什么？Facebook也经常问你在哪？就像女朋友。而点点网最关键的是关心你真正喜欢什么、爱好什么。”

经过一翻准备，2011年4月，点点网正式上线，开放注册。为了推广点点网，许朝军忙着奔走在清华、北大等各大高校之间进行演讲，吸引更多高校的学生和各行各业的白领使用点点网。结果，点点网获得极大关注。2011年底，点点网对外宣布，注册用户超过500万。

点点网定位为最便捷的兴趣发布平台，在里面文字、图片、声音、影像、链接等五种格式内容可以轻松发布，让内容不受形式限制，内容覆盖时尚、电影、电视、音乐、插画、艺术、摄影、建筑、文学等数十个领域。点点网为兴趣而生，因兴趣而发展，许朝军说：“只要你有兴趣，我们就会不断扩充和发展。”

著名作家高尔基坦陈：“快乐，是人生中最伟大的事！”唯有奋斗的人生才能获得快乐，这个快乐的源泉就是解决问题、改变世界。大学生郭鑫研发的“林业碳汇商业化模式”，改变了土地沙化问题；许朝军创办的点点网解决了网民兴趣发布和分享的问题。所以，他们是成功的、快乐的。